故事力

TED專業講者親授，職場簡報、人際溝通無往不利

朱為民 · 余懷瑾
作者

引起共鳴的故事魔法力

二〇一六年秋天的某個微雨的午後，在台中某間咖啡廳聚集了近百位「女人進階 To be a better me」的粉絲。這是一場由我發起的公益講座「進階，找亮點」，講者共有三位，除了我之外，還有我兩位好友：仙女老師與為民醫師。

長達三個小時高潮迭起的講座，全場觀眾聚精會神地聽著，時而拍手叫好，時而掩臉拭淚。三個小時過後，在場所有女人進階 Eva 的粉絲，也全都成為仙女老師與為民的鐵粉了。

仙女老師講了兩位學生的故事。有位男同學很常遲到錯過早自習，也常因不遵守生活常規惹教官生氣，但他在被仙女罰寫的稿紙上，洋洋灑灑地展現了他的詼諧與創意，讓人驚艷於這孩子獨樹一格的想法。還有位女同學不愛讀書成績差，喜愛手作 DIY 與追星。段考前夕央求仙女老師致電她母親，讓她將寶貴的考前複習時間花費在特製某韓星的作品上。父母長輩很傷腦筋，但她的作品凸顯了她的設計功力與細膩手藝，讓人驚艷於她的才華洋溢。

透過這兩個故事，仙女老師告訴我們：每個孩子都有獨特的亮點，我們不要用世俗的小框框來看他們，遮蔽了他們的光芒。

為民醫生則用他慣有的溫暖平緩嗓音，分享了父親生病的過程。他細膩地勾畫出與父親互動的畫面，讓在座所有觀眾眼淚潰堤，現場擤鼻涕、抽衛生紙的聲音此起彼落。透過他與父親的故事，我們自動在腦中帶入了自己與父母的生活點滴，為民告訴我們：高齡化的社會將帶來的衝擊其實不遠，而面對這近在眼前的挑戰，我們必須在體能、財務以及預立醫療決定上下功夫。

講座結束前，我們募得了將近新台幣十萬元，全數捐給需要協助的聽障兒童。會後有位媽媽跟我說，她立志從今天起改變教養方式，尊重孩子的不一樣。更有許多人到台前領取了預立醫療決定書，決定回家與父母子女一同規畫人生最後一哩路。

現場見識到兩位好友觸動人心的故事魔法力，著實令我嘖嘖稱奇。

如果你問我，說故事能有什麼魔法力？我會說，道理人人會說，但仙女與為民說的故事，可以化除心理隔閡、引起觀眾共鳴，再怎麼生硬與難以面對的生死課題，都在故事巧妙的包裝下直指人心。更重要的是，他們的故事激發了觀眾的行動意願，並在兩年多之後，依然讓我印象深刻、回味再三。

推薦大家好好利用這本書，認真學習搭配大量練習，讓你的故事也開始有魔法般的驅動力。

女人進階粉絲頁版主

Eva Chang

充滿魔法力的好書

這是一本教大家發揮故事魔法的書，所以，我的推薦，也想從兩段特別的故事開始！第一個場景是颱風天，威力大到連台鐵都停駛了。這個時候，你還會專程出門只為聽一場演講嗎？而且要從台北搭火車到花蓮，然後你還不確定火車會不會再停駛。對了，也因為班次大亂，你連回程的車票都還沒訂到。在這種陰雨未停的天氣，一個人從台北到花蓮，只為了聽一場演講，聽兩位職場中年大叔分享他們的人生故事。雖然他們兩個是知名的企業講師，但是在這種狀況下出門？你會不會覺得有點瘋狂。

另外一個場景是醫院的演講後，你跟一位受邀的來賓拍了張照片，後來Follow了他的FB，發現不久之後有一場好演講。你雖然誰都不認識，但還是憑著一股直覺，從台中坐高鐵專程北上，只為了聽一場好演講，聽一些好故事。在合照的時候，你發現大家好像都彼此熟悉，只有你孤單一人，沒有人認識你，你也不認識別人。

上面這二個場景，就是我跟仙女——余懷瑾老師，以及民醫——朱為民醫師認識的過程。仙女老師在颱風天搭車來花蓮聽講，而為民醫師，則是跟我合照後，孤身北上參加憲哥的生日演講，這是我們認識的開始。

但是有了這個開始後，他們開始在原有的豐富生命外，鍛鍊了不同的技巧，從專業簡報力、說出影響力、甚至到最難修練的憲福講私塾，學習不同的教學技術。慢慢的，仙女老師跟為民醫師開始站上舞台發光發熱，不僅一起站上了同一年度的 TEDxTaipei 舞台，還聯手一起進行公益演講，甚至開了「故事魔法力」這門課程，教更多有故事的人，讓故事能有魔法一般的影響力。

現在每次坐在台下，望著台上的兩位明星，我非常享受他們說故事的方式，也會因為故事而哭、因為故事而笑。這本書，沒辦法幫你創造出新的故事。但我確定他們能教會你，用更好、更有效、更有用的方式，說出屬於你生命的故事。

你不需要冒雨出門，也不用孤單搭車北上，現在只要打開書，就能學會兩位說故事高手，讓你知道如何讓故事發揮魔法，創造出更大的影響力。

我衷心推薦，這本充滿魔力的好書！

《上台的技術》、《教學的技術》作者 王永福

故事力，餵養心靈的食糧

「說故事能力」是我認為人生中最重要的能力之一，但要把故事說得好卻不是件容易的事。我曾經數次帶學生參與仙女老師余懷瑾在萬芳高中的課堂活動，發現她無疑是說故事的佼佼者，就連她的學生都在調教下，逐漸成為一個會聽、也會說故事的人。在《故事力》這本書中，特別提到說一個好故事很重要的是，可以用最短的時間、最短的語言來表達一個清楚的故事主題，裡頭所提到的例子和方法都讓我覺得受益良多，而這正是我在仙女老師的課堂上所見的特色。

「說故事能力」還有另一件相當重要的元素，就是故事說得好之外，還要讓人感覺到故事所傳遞出來的情感與溫度，才能從故事中有所體悟與啟發。我曾有幾次機會和本書的兩位作者朱為民醫師及余懷瑾老師一起對談：為民每每讓我感覺到醫者的溫暖，他信手捻來的故事中，有的出自他的家庭、父母，有的是他的行醫經驗，為民闡述故事的方式極具穿透力，常常在片刻之間就勾動出我腦海中的相似經驗……與為民一起暢快地「說故事」，實在是一件非常享受的事情。仙女老師亦是如此，尤其聽她說故事時我常常會產生一種奇特的體驗，忍不住要跟著她一起在故事中掉眼淚，因此，仙女上過我兩次廣播，而這兩次經驗總是歡樂開始、抱頭揮淚地結束。

現在看到與我相熟的強者朋友聯手出書，我除了讚嘆這黃金組合外，更欣喜的是可預想這本書將嘉惠無數渴望說故事、卻不知從何說起的讀者們。依照我的經驗，當人們自覺自己對某項事物並不擅長時，往往會無意識地迴避學習、或刻板地覺得自己永遠都學不會這項能力。我認為《故事力》這本書剛好打破了這個盲點，用一個非以理論出發的觀點，用許多好聽的故事娓娓道來，告訴我們可以「如何說故事」，對於初學者來說是非常有效且系統化的學習。此外，由於《故事力》出自兩位技巧純熟的 TED 講者，對於說故事的老手而言，又可從頭建構一次說故事的方法，並從中學習到如何從「說故事說得好」進階到「說故事說得傑出」，我想，這是每個對於說與寫有興趣的人而言，相當重要的一件事。

邀請每個年齡層的朋友，一起加入《故事力》的世界，世界將因這些有溫度的故事而更美好，我們的心靈也將因故事的美好而變得充實豐盛。

心理諮商師 許皓宜

《故事力》讓你從S5練到S1

「聽說你很會講故事？」，我常被這麼問。

真正會講故事的人，接招時不會浪費表現機會只答你一句「hen會」，而是兀自開始講起：「你知道李鴻禧教授一九八九年對著一千人演講的時候，問哪一個問題大家都答不出來嗎？他問台下『日出而作』的台語怎麼講？」

在這個人人摩拳鍛鍊簡報力、數字力、寫作力的時代，我認為故事力是當中上手最容易、力道最大，也最環扣我們幸福感的一種能力。

有一次我問我妹要買什麼生日禮物給外甥女，我妹說不要買東西了啦，你講故事給他們聽就好，他們最喜歡你講故事，我有一股很強烈的「低頭便見水中天」的恍然大悟。

我忽然想到那位許久未聯絡的姑姑，跟她的互動，我最懷念哪一段？是那個我學齡前她跟我說過的故事：老是流著鼻水的《阿鼻哥》，細節我忘了，但是聽故事的當下非常開心，我記得當時裹著一條棉被，三個榻榻米大小的房間裡，五燭燈泡搖曳著一股昏黃，眼睛雖閉上，但聽故事時好像閉著眼睛看一齣戲，我姑姑是那個捲著膠捲的放映師傅，電影是我一人專屬。

這個故事她是從哪聽來的呢，原來是她小時候我爸講給她聽的。我爸沒有過敏性鼻炎也很少感冒，也不知為何愛講諧音「鼻膏」的《阿鼻哥》的故事（未諳台語者，可以把鼻膏理解成較濃稠的鼻涕），醫學院畢業後也師承省立台中醫院耳鼻喉科主任林忠輔，有了能力自立門戶後，仍一輩子謝謝這位老師。

我問他說你又沒人脈，當初怎麼有機會跟林主任學習。他說以前唸書的時候林主任曾到學校幫他們上過課，林主任有留下電話說將來想當住院醫師就打電話找老師。我爸當時居然沒翹課，不但抄下電話還抄對號碼，而醫官退伍後那本筆記居然還在，打了電話過去居然還能接通，接通之後居然還不是被打發，而是「接通」了一段嶄新的、難能可貴的學習旅程，我父親從不諱言，他一輩子的謀生功夫，都是林主任無私傳授，而且常感念說林主任體恤他初為人父，常常趕他回家陪小孩，自己搶著值班。

一輩子沒見過林主任一面的我，每當抬頭看到他送給我父親慶祝開業的那塊匾額，總是一陣無以言喻的鼻酸。

原來林主任是阿鼻哥跟我爸的救星，我爸是他的學生，後來也成了阿鼻哥的救星。

眾人皆知日語能力分N1到N5，N5最簡單，N1最難。

如果我們把說故事的能力也分成S5到S1，這本《故事力》就是幫助我們從S5練到S1，從說好自我介紹逐步鍛鍊起，最後手中無劍，心中有劍，一開口就自成篇章成就一個動人故事。

還記得文章開頭我的問題嗎？答案是：「透早就出門，日頭漸漸光……」

方寸管顧公司首席顧問／醫師

楊斯棓

麥克風加上信念可以改變世界

麥克風若是舞台、技巧，那麼，信念就是故事了。

人類的習性

如果您看完上面那段話，就認真的以為只要會說故事就好，甚至就能改變世界，那就異想天開、緣木求魚了。我所指的故事，是經過設計、鋪陳，搭配好一個你預計傳達的理念與想法，如此的組合，才是一個能夠撼動人心、改變聽眾行為、影響世人的好故事。人不喜歡聽大道理，大人、小孩都一樣，於是我會建議：「故事走在前面，道理放在後面」，故此，故事的種類多元、品質良好、熟悉程度、技巧與掌控都是能夠影響溝通品質的重要關鍵。以我的工作而言，長達十三年，高達兩千場的企業授課經驗，這些大公司的員工可不是吃素的，如果沒有真材實料，很難在大公司收取高價，甚或是讓各階層的學員都買單。

課程主軸呈現如果很好，最多會在五等第課程意見調查表裡面拿到平均四點五分的佳績，但不足以讓我屹立企業內訓戰場十三年，真正讓我走跳大公司的武器正是：「好的故事與觀點，與他人無法模仿的個人特質。」我通常會在課程開場鋪一個與主題相關的小故事，中午吃過飯後再透漏部分續集，下課填意見調查表前，冷不防又會丟出一個大結局或是一段影片感性收尾，這樣的故事組合，搭配我的職場專業與乾貨，才能讓我攻無不克、戰無不勝，滿意度量

表五點〇手到擒來。然而，仙女老師和為民醫師，正是我在這個領域的最佳接班人。

小遺憾

二〇一六年九月兩位要上 TED 大舞台以前，我帶著他們進入許多大企業先行試講書中精采內容，不斷獲得好評後，我相信透過 TED 的平台，一定能夠讓他們大放異彩。可惜的是，二〇一六年九月十一日我隨景美台師大聯隊遠赴瑞典參加世界盃拔河賽，當天不克前往，我心裡面糾結了許久。我安慰我自己，他們就算沒有我在身旁，一定也可以獲得滿堂喝采的，當天我請福哥出席，並在時差六小時以外的瑞典全程關注這場演講。那幾天的我，一下子被中華隊連拿六金的頒獎國旗歌感動，一下子被台灣兩位好朋友的精采演講振奮，人雖在海外，心卻受鼓舞。總之，他們的演講不僅影響了許多人，也影響了身為好朋友的我。

我看完本書的想法是：

1故事是可以洗滌人心的。

2傳授他們演講技巧的我，確認這是一條正確的路，讓好幾度想要放棄的我，在懸崖邊緣決定繼續堅持走下去。

3他們教的不是故事文案，也不是日常生活用不上的華麗詞藻，是看完、練習完他們呈現的技巧後，馬上可以上台實戰的故事工具書。

我以他們二位為榮，並誠摯推薦本書。

知名講師、作家、主持人

故事力強大的魔法

二〇一七年八月十二日是一個特別的日子：我跟余懷瑾（仙女）老師合開的「故事魔法力」課程首發班。那天總共有二十五個人在現場：二位講師、二位教練、一位大神來賓、十九位學員、一位超級助理，共度了難忘的一天。

那一天後，開展了後續的二班、三班、四班，也開啟後續無限的可能，包括這本書。從那天到現在，我體會到三種魔法。

故事的魔法

從開始說故事，到開始學習如何幫助別人說更好的故事，直到可以教別人說故事。不同的階段，一次又一次地體會故事的魔法，但也一次又一次地問自己：到底什麼是故事？

是「故事魔法力」一班到四班的六十六位學員，用生命告訴我什麼是故事的魔法。

無論是醫師、管理師、皮件工作室老闆、企劃專員、軍人、護理師、品牌講師、人資經理、特別助理、水果店老闆娘……每個人都帶著自己的故事來到課堂，最後帶走所有人滿滿的故事。

有一個學員課後跟我說的話，讓我印象深刻，他說：「以前總是認為故事的情節一定要很曲折刺激，表現方式一定要很誇大，才有辦法說一個吸引人的好故事，但是今天我學到，

『為什麼』要說這個故事，才是最重要的。」

是阿，其實無論做什麼事情，起心動念才是最需要記得的事情，「莫忘初衷」四個字說起來好容易，但是有好多考驗等在前面：時間的考驗、金錢的考驗、情感的考驗。我們很容易忘記，自己的出發點在哪裡。

而說故事，也許是找尋初衷的一個方式。

緣分的魔法

認識仙女老師三年了，一直覺得我們之間有神奇的緣分。一起開課後才發現，我們的緣分跟我們上課教的「結構力」一模一樣，起承轉合，真的有魔法。

起：我們在二〇一六年四月「超級好講師」的活動才第一次見面，那個時候她已經是很知名的演說家，我算是潛水粉絲，看到本人還很害羞，不太敢上前攀談，只在一群人喊著合照的時候，硬湊上前去，留下了我們的第一張合影。

承：後來在謝文憲（憲哥）的課程「說出影響力」，因為是前一期的學長所以很榮幸擔任了輔導她的工作，也認識更多關於她的故事。她就是那種，站上舞台說故事會光芒四射的人。而她也獲得了比我更好的成績。

轉：二〇一六年八月，我們一起參加了二〇一六 TEDxTaipei 的 open mic 海選，一起闖關到最後的年會。我記得在初賽前夕，二個人一同在 TEDxTaipei 辦公室附近很趕地找了一間麵店吃麵。因為很緊張，連麵的滋味都沒有了。那個時候也不算真正熟，海選也是競爭，彼此也隱隱有較勁的味道。一邊吃麵，一邊也不知道要說什麼好，只希望這樣緊張的時刻趕快過去。

合：一直到海選上台，聽到仙女老師和平平、安安的故事，我在台下流下了眼淚，也才覺得自己真正認識了她。二〇一七年八月，我們一起合開了課程「故事魔法力」。

從這之中我體會到緣分的力量，第一次見面的時候拍的第一張照片，那個時候沒有人會想到現在的發展。但是緣分就是這麼奇妙，具有魔法。

我學會最重要的一件事：緣分是無法強求的，但也是需要把握的。

就像我和仙女還有其他很多好朋友一樣，初認識的時候，很難預料到後來的發展。我們能做的只有認真地對待每一個人，認真地看待每一件事，功不唐捐。當發現到，怎麼有些人有些事會常常出現在生命中的時候，就要更誠懇地面對，「做個好人，幫助別人」，勇敢地去探索更多可能性，創造更多的火花。

合作的魔法

跟仙女不僅是朋友，也是合作二年多的夥伴。每一次跟她一起上台或上課，都有一種很安心的感覺，因為我們完全不一樣。她熱情、我內斂，她聲音高亢、我聲音低沉，她活潑、我沉穩，她穿著華麗，我穿的素雅。但是我們很一致，我們剛好互補，補足對方不足的部分，更有空間展現最好的自己。

當我提出：「不如我們來寫一本書吧！」這樣無厘頭的提案時，我知道，仙女馬上就會說：「好！」毫不遲疑。經過了一年，不知有多少個深夜的鍵盤對談、溝通、討論，才有了這本書的大綱、架構，和大家現在看到完整的內容。

這本書的誕生，還要感謝很多人的共同合作，才有這樣的成果。

謝謝謝文憲（憲哥）和王永福（福哥）在故事、簡報和演講給我們的啟蒙與不間斷地陪伴和支持。

謝謝憲福育創的黃鈺淨（芋頭）副理，我們最強大的後援，總是可以在有需要的時候及時送上最溫暖的幫助。

謝謝四塊玉的增娣和增慧一直給我們最大的包容和鼓勵。

謝謝曾經幫助我們強化故事力的好朋友們：yoyo阿長、治萱、Eva、萬芳高中的同學們，因為有您們的參與，讓這段旅程更加美好。

最後，謝謝我的家人：爸媽、太太、乖寶，給我最無私的愛和支持。

每一梯課程的最後，我跟仙女和所有學員，每個人都有機會說出自己的真心話，有些學員很開心，有些人掉下淚來。但我想，應該很少有人會了解，在那一刻，我跟仙女有多麼感動，多麼感謝。

我們相信，每一個人都有好故事，每一個人都可以說出好故事，並運用故事創造更好的職涯、更好的人生、更好的未來。

故事力，我們會一起繼續創造魔法。

故事力讓生命更有厚度，讓溝通零死角

二〇一六年九月十一日，我跟朱為民醫師以素人的身分在TEDxTaipei說了我們親身經歷的故事。我談「杜絕霸凌」，朱醫師談「預立醫囑」，不約而同的，我們選擇運用「故事力」，將專業包裝在故事裡，將訴求寫進故事裡，將生命投射故事裡。希望藉由故事的力量喚起大家對於這兩個「邊緣」議題的重視。

然而，對那時候沒見過大場面的我們來說既要準備七分鐘短講，又要學習適應場地是非常吃力的。千萬個發散的念頭難以聚焦，想說的太多，龐雜得沒有系統，好不容易擬定主題後，還要設計結構讓觀眾記得故事的梗概，鋪陳畫面讓觀眾產生臨場感，帶入聲音表情與肢體動作讓觀眾記得那些不該被遺忘的時刻，更困難的是說著自己的故事還得提防情緒的潰堤。從海選、複選到年會，每一次上台，我都跟為民說：「我好緊張」，雙手雙腳不停的抖啊抖的，心跳的聲音大到怕被身邊的人聽見，為民總是抿著嘴微微笑，跟我說「沒有問題的啦！」上台那一天，觀眾的掌聲淹沒了主持人的話語，我們感動的是觀眾的感動。

曾經有人問我，「仙女老師，你在TED上的演講會不會演太大了？有必要這麼生氣嗎？」我淡淡地回答他，「你一定沒被霸凌過吧！」面對霸凌，沒有一個母親能夠心平氣和的，每一次欺凌都是撕心裂肺的。這就跟為民的母親問他「是否要讓父親接受急救治療？」，六神無主的他說：「媽，我不知道，你決定吧。」人生總會面對難以招架的場景，歷經時間發酵與內心

糾結才能說出當下的困窘，不再虐心自虐，不再作繭自縛，生命因此更加豐厚。我跟為民明瞭這當中的煎熬，想幫助更多人說出動人的故事，於是，我們合開了「故事魔法力」的課程。

「故事魔法力二班」拿下 NPS：100 的完全課程那天，晚上八點，憲哥在臉書上寫下：「『故事魔法力二』創下『憲福育創完全比賽』，難能可貴。謝謝兩位老師，一位站台老師（yoyo 悠姐），謝謝芋頭，一鞠躬。」憲哥的留言像電影裡感性的對白，對我和為民是莫大的鼓勵。

我和為民一直很在意怎麼幫助學員學得更好，我們的課程有十大堅持。

一、重視學員的反饋：學員出現「咦」、「怎麼做」，這是問題出現的聲音；或抓頭，或沉思，或嘆氣是遇到瓶頸的反射；眉宇間的糾結是卡關的思索，課程引導如錦囊成為心領神會的自得。

二、教室氛圍的經營：上午的課堂一個口令一個動作，還需要提醒學員們「時間到了，停止討論」。到了下午，無論搶答發表、上台分享或是投票時刻，台上台下出現了一種前所未有的協調，講師與學員的默契已然成形，節奏整齊。

三、學員前後的轉變：學員課前的表現很「素」，課程目標是希望他們當天就能覺察自己的改變。當下午學員們大量運用「故事魔法力」，課堂的驚呼聲就再也沒停過了，我和為民對於大家上下午雲泥之別的表現獻上無與倫比的肯定。

四、學員間彼此照應：坐著電動輪椅的春錦，從澳門來的惠筠，蓓瑩和昇恆，延伸了我們的觀察力。不只講師與助理，就連學員間也能顧及到他們個別的需求，悉心的詢問與關懷創造了溫暖的課堂，讓故事一出口就有了強力的情感連結。

五、課堂俯拾皆故事：被當作宣傳單的「課後回饋」，在一大早讓好幾個學員眼睛為之一亮，還劃下重點。「故事魔法包」是個可以回家說給家人聽的故事，瑪柔的手作包原本是道具，在學員一片叫好聲中成了課後的抽獎禮。

六、不帶批評的讚美：怎麼樣可以讓學員更好，怎麼樣讓學員深切地感受到建議的可行性，是我們從福哥身上潛移默化感受到的。讚美人人愛聽，但只說好棒棒只會覺得空洞，讓學員的個人特色能夠發揮是我們現場回饋的極致。

七、憲福強力的信任：記得第一堂課時，憲哥替我們暖場，光一開場就讓大家玩得不亦樂乎，見證千萬講師的功力。這次憲哥和福哥沒有跟課，我們活用憲哥的方法開場，下午一上課的第一分鐘就充滿笑聲，醒腦後馬上開講，效果十足。

八、憲哥課程是福袋：憲哥「說出影響力」的課程，已經到了不用公開招生，光在社群內推出就立即額滿的神蹟。憲哥保障「故事魔法力」的學員能優先上「說出影響力」的福利，讓學員們躍躍欲試想眺望更高的殿堂。

九、悠姐和芋頭的支持：悠姐是課後彩蛋，說得一口好故事，有淚有笑，圓滿了這個課程。芋頭在我們每次需要她的時候，從沒拒絕，只想怎麼讓這堂課可以更好，在行政這一堂課芋頭幫了我們許多忙，更像我們的教練。

十、雙講師的互補：為民思路敏捷，橫跨多領域，動如脫兔，我靜如處子應該也沒有人會反對。不一樣卻很一致的我們締造了祥和與熱鬧雙重風格的課堂，搭配得天衣無縫，提供學員不同參照的指標。

這堂課後，為民跟我說「我們來寫書吧！」書就這樣有一搭沒一搭地在下班後寫著，時不時地臉書就會有一些陌生朋友私訊我，他們因為我在 TEDxTaipei 的影片而感動，感謝我為弱勢者發聲，這些鼓勵都成了寫作的動力，幫助大家透過故事溝通表達，傳遞信念，減去枝節，留下骨幹，在職場上，在生活上都能用故事取代名片，成為別人眼中精采的記憶，為自己搭建 TED 舞台。

目錄

Chapter 3 故事畫面力

Chapter 4 故事吸引力

Chapter 5 故事實戰力

Chapter 1

故事主題力

01

說故事為什麼要有主題

從自我介紹練習尋找主題

與其一開場就告訴學員故事主題的重要性，不如讓大家在「錯誤」中學習，簡單的自我介紹就能輕易彰顯主題的可貴。

「故事魔法力」第一堂課是尋找故事的主題，身為講師的我自我介紹結束之後，每個學員得花三十秒上台介紹自己。或許是措手不及，沒預期到要起身向全班簡介自己，二十位學員面面相覷，竊竊私語地互問對方：「要說什麼呢？」

不同主題，將會發展不同的故事

坐在教室中間的一位學員舉手問我：「老師，說什麼都可以嗎？」我點了點頭。助理將麥克風遞給第一位學員。

「我叫林愉，是個軟體工程師，很高興認識大家。」林愉坐下時聳聳肩，癟了癟嘴，大概是他已經把能說的都說光了。

我看了看他報名的簡歷，為什麼報名這堂課的原因是，「每次想跟大家傳達自己的想法，卻沒有辦法觸及人心，想透過這個課程提升表達能力與自信。」

前三個學員都跟林愉一樣簡單介紹，迅速下台。之後，有個高大的學員上台，教室裡的氛圍明顯地不同了。

他一上台就說：「我叫王大同，大家都叫我大頭，聽說頭大的人比較聰明，你們也可以叫我大頭。我喜歡旅遊，每年都會安排一次國外長程的自助旅行，從買票、住宿到交通路線都是我自己規畫的，我最喜歡的國家是西班牙。如果大家有什麼旅遊的問題都歡迎大家跟我一起討論。」

大頭一坐下，我馬上看到他隔壁的女學員湊過去：「我今年七月也要去西班牙耶！你推薦哪些地方一定要去呢？」

在對的場合找到對的主題，更能引起共鳴

接下來的幾位學員比照王大同模式也說出了自己的興趣，一直到子芳開口，教室又掀起另一波共鳴，「我是張子芳，從事保險工作。我有兩個小孩，一個五歲，一個七歲，睡覺前他們都會要我說故事給他們聽。可是在面對客戶時，客戶常常會打斷我說的話，我在想是不是我缺乏跟大人說故事的能力，所以，我想來這裡學『故事魔法力』，希望能透過故事提昇我的業績，還有客戶對我的信任。」子芳一講完，我看到為民醫師點了點頭。

後面的學員像找到密碼一樣，跟著說出自己來上課的目的：

「希望把故事說得生動一點」

「想說出打動人心的故事，讓別人想聽我說話。」

「學習把一則看似平淡或稍微嚴肅的事，說得精采吸引人。」

「我希望可以把生活的各元素內化成一個個的故事，不論是工作和生活都是透過這樣的方式」。

通常其他課程一開始，講師會在自我介紹前與學員明定：「請大家自我介紹，跟大家介紹你的名字與你為什麼來上這個課程的原因。」而我認為與其一開場就告訴學員故事主題的重要性，不如讓大家在「錯誤」中學習，這一個簡單的自我介紹就能輕易地彰顯主題的可貴。

自我介紹是尋找主題很好的方法，林愉簡單介紹了他的職業，可惜並非人人都是工程師，若多一些其他敘述，也許更能獲得聽眾的回應；王大同則是強調興趣，吸引了喜歡旅遊的學員的注意；張子芳聚焦在為什麼想要學說故事，使得大家紛紛回頭思考來上這堂課的初衷。

說故事要有主題的原因

1 **在最短的時間裡找到與觀眾的交集**：以上述的自我介紹為例，我刻意地沒在自我介紹前，加上麻煩大家自我介紹時，說明自己為什麼想來上「故事魔法力」？希望在這堂課學到什麼？有些人的簡介就像來交朋友，跨界學習交朋友固然好，但是這群人為了什麼原因聚在一起，最能快速地找到彼此交集的原因，正是想學說故事，這就是主題。

2 **用最短的內容與觀眾互動**：如果沒能在課堂上先讓大家說說為什麼來上課的想法，下了課之後，學員們彼此交換名片，一小群地聊起了來報名上課的主因，通常不時會聽到學員們說「你也有這種困擾喔！」「我跟你一樣耶！」與其這樣兩、三人的私下交流，擴大為全班性的互動，效果更好，同時找到大家的痛處。

3 **花最少的語言走進觀眾的心裡**：以射箭為喻，主題就像箭靶，先看到箭靶才能確立目標，見面交談愈能觸及靶心分數愈高，只要主題明確，簡潔有力的三、兩句話就能走進觀眾的心裡。

讓自我介紹成為別人認識你的第一個故事

下課前，林愉要求重新自我介紹，他站起身對全班說：「我是林愉，是個軟體工程師，我的興趣是跳街舞，每週日我都會在工作室對著鏡子不斷地練習，其實很多同事都跟我說，我們都什麼年紀了還在跳街舞，但我不過才三十出頭而已，之所以來學說故事是希望把我學舞的過程說給大家聽，希望大家給堅持夢想的人多一點鼓勵，而不是澆冷水，很高興認識大家，今天收穫真的很多。」林愉的自我介紹與之前判若兩人，他說了個短短的小故事，從學舞遭到旁人的冷嘲熱諷找到說故事的動力，是故事「主題力」的最佳見證者。

自我介紹是極簡版的個人故事，不同場合為自己訂出不同主題，呈現你在這個方面的特出，保證你一定是最能被大家記得的人。

說故事要有主題的三大原因：

1 在最短的時間裡找到與觀眾的交集

2 用最短的內容與觀眾互動

3 花最少的語言走進觀眾的心裡

02 你要說故事給誰聽

確認對象，找到說故事的方向

演講前三分鐘很重要，要讓觀眾對演講主題產生興趣，故事開場就要像磁鐵般強力，即刻吸引觀眾注意力。

我經常受邀演講，照例會先問主辦單位：「台下有哪些人？他們是誰？他們為什麼要聽這一場演講？」關心受眾是優秀的演講者必備軟實力。

一開場，就要確立方向

以公立學校為例，演講前幾分鐘老師們趕忙入會場，火速地爭搶最後面的座位，不多久最後面兩排滿座後，大家才不得已地由後往前坐，臉上多少帶著遺憾。講者運氣好的話，前面幾排偶爾會有零星幾位老師，講著講著好歹前方還有觀眾可以近距離互動。私立學校則相對對講者友善尊重，怎麼說呢？校方安排教師座位，由前往後，一個蘿蔔一個坑，不管他們想不想聽演講，至少講者眼前滿是觀眾，座位的距離決定了心的距離。

這幾年，我跨足其他產業演講，才發現企業與醫院也都有類似爭搶後排座位的狀況，先到的人趕緊選擇最後一排的座位，離講者愈近的座位像酷刑煎熬，好巧不巧主管又都正好坐在第一排，之所以如此，最大的可能不外乎：被迫參加，心不甘情不願；長期對講師不抱期待，心灰意冷；工作做不完，無心聽演講等原因。

因此，演講前三分鐘很重要，要在這麼短的時間裡讓觀眾對演講主題產生興趣，對講師重燃期待，故事開場就要像磁鐵般強力，即刻吸引觀眾注意力。

當你的觀眾是老師

如果以「融合教育」為主題，一開場，我通常會引一段對話，那是我在一〇三年參加全國 SUPER 教師甄選時，評審戴金鼎老師對我提出的疑問。戴金鼎老師在教室觀課五十分鐘後，走往會議室的路上，問了我一個問題，這個問題從來沒有人問過我：「余老師，你怎麼讓一般生接納特殊生？」

原來，戴老師觀課時注意到阿明心直口快、躁進蠢動，課程中不時離開座位，看出他是過動症的孩子。甚至發現同儕們竟然會好聲好氣地呼喚他回到座位，沒有大聲叱喝或出言攻訐他，覺得不可思議。我那時反問戴老師：「不是所有的老師都這麼對待特殊生的嗎？」他說：「余老師，你很特別。」戴老師的問題幫助我找到身為教師的獨特之處。

這一年，我得到了「全國 SUPER 教師獎評審團特別獎」。評審是怎麼形容我的呢？「被學生稱為仙女的余懷瑾老師，在萬芳高中擔任國文老師，創造出最有趣、沒人睡覺、沒人玩手機的高中課堂。懷瑾老師把學生當成朋友，彷彿綜藝節目式的益智問答，透過小組合作以及不同科目的協同教學，營造出高效能學習的氛圍，讓國文課程成為有趣的語文遊戲學習，也透過上台報告，建立學生的自信心。」

講完評審訪視的故事之後，接著我會說：「評審看到的是教學氛圍的改變。今天來跟老師們談談『三個發揮教學影響力的關鍵心法』，分享我如何營造班級氛圍發揮教學影響力，照顧班級裡弱勢的特教學生，重現當年戴金鼎老師觀課的畫面。」

這是「融合教育」的講題，老師們在故事中，了解幫助特殊生的根本之道乃在於改變氛圍，才能立竿見影。好故事是時間沈澱的產物，我把長久以來幫助特殊生的經驗，作為一個開場故事，引導聽講的老師們進入主題。

當你的觀眾是醫師

我曾經到南部一間教學醫院演講，講題是「有溫度的教學——讓學生從跟隨到追隨」，場地燈光美、氣氛佳，除了第一排院長、副院長和主任之外，百來位醫師和護理人員們與我相隔遙遠，想當然爾是做好隨時「撤退」的準備，中央的座位視野絕佳，依舊乏人問津。我心想如果沒有好開場的話，不只院長會以公務繁忙為由提前離開，後面的人也會一溜煙地走個徹底。

一開場，我說：「二〇一六年，我在 TEDxTaipe 說故事。我們班有個身心障礙的學生叫做凱安，為了不讓凱安在課堂上被忽略，我會等他作答。輪到他回答時，我出的題目會稍稍簡單，他寫字一筆一劃精雕細琢，他怕我不等他，會心急地舉手大喊：『等一下』。為了安撫他，讓他不這麼慌張，我都會回應他：『凱安，慢慢來，我等你』，其他學生們則找到機會趁機聊天。我每一堂課都會說：『凱安，慢慢來，我等你』。

許多人因為我等凱安都覺得我是一個很溫暖的老師。是的，我是一個很溫暖的老師，但是請各位思考，只靠說一句話就能夠改變教學現場嗎？顯然教學技巧幫了許多的忙，今天來跟大家談談『有溫度的教學—讓學生從跟隨到追隨』，分享我如何運用教學技巧，溫暖課堂氣氛。」

演講結束後，院長主動上台說話：「這是我第一次晨會沒有滑手機，余老師的演講讓我放下了那些要處理的電子公文。」這是「教學」相關的開場，不只院長被故事吸引，後座也沒有人中途離席，好的故事幫助大家找到聽演講的目的。我用故事揭露 TED 影片背後的細節，再帶入演講主題，讓觀眾有興趣繼續聽下去。

當你的觀眾是企業人士

到企業演講，隔行如隔山，為了打破他們對老師的傳統印象，我會先說我如何帶班的故事，雖然我們所處的工作場域不同，但故事的魅力就在於，主題對了，對象就走進故事情境中了。

一開場，我會這麼說：「我一直是個很認真的老師，上課要求多，作業也很多，學生喜歡這樣的老師嗎？」我自問自答地搖了搖頭，台下觀眾也對我搖了搖頭。我接著說：「二〇〇年六月六日，我父親往生，我請了喪假。同事打電話跟我說：『小瑾，你們班學生希望上你的國文課。』學生拜託同事傳話給我。情緒低潮的我拒絕幾次之後，六月二十四日，喪假期間，我應了學生要求回到學校上課。

那堂課教授的是歸有光〈項脊軒志〉，歸有光生命中最重要的三個人，祖母、母親、妻子都已往生，字裡行間滿是物是人非的傷痛，就在我轉身寫完黑板，再回頭要講授課文時，教室後方的公佈欄出現了巨幅的海報，至少一百八十乘六十公分大小，最大的幾個字是『仙女生日快樂』，我的生日是六月二十五日，當下我的眼淚立刻掉下來。學生們可以在我喪假期間忽略這一天，但是他們卻選擇在這一天告訴我，他們是重視我的。帶班帶心，帶人帶心，今天來跟大家談談『打造年輕團隊的必勝守則』，分享我帶領團隊的經驗。」

班級經營對我來說就是團隊帶領，我們師生的故事讓原本冰冷的會場升溫許多，打破了大家對於教師的刻板印象，樹立了我個人帶領團隊的鮮明形象。好故事看到從谷底爬升的人生，我用低潮時期的經歷與學生的互動，顯現我帶領團隊的能力，也建立起觀眾對講師的信心。

了解觀眾對象一定要做的事

1 **優先定錨**：事前與主辦單位對焦，明確了解目標族群的需求，以利故事內容能打動台下觀眾。

2**刻意練習**：面對鏡子把開場故事說一次，以利現場能看著觀眾說，更能打動觀眾。

3**搭橋走心**：開場用適切的故事搭座橋，通到觀眾的心裡，破除他們對演講的排拒，增加對演講的好奇。

下次說故事，要記得先了解觀眾是誰，才能設定主題與內容喔！

針對不同對象，確立故事的方向三個步驟：

1優先定錨

2刻意練習

3搭橋走心

03

如何打造故事的整體感

運用啟示讓故事更完整

大家總以為把故事情節講完，結局出現，就算講故事了。然而情節的鋪排是醞釀發酵的過程，尾聲將掀起另一波巨浪。

說故事是現代社會基本的溝通能力，長篇大論不如說一則好故事。因此，國文老師帶著學生閱讀文本前先說作者的故事；家長在孩子嘗試錯誤時說別害怕失敗的故事；主管對新任員工說當責利他成己的故事；業務經營高端客戶說產品價值的故事。大家都知道要說故事，但是故事說完了之後，如何能夠停留在觀眾心裡？如何能產生質變？打造故事的整體感就顯得格外重要，它將會帶來改變的力量。

活潑生動，卻難以吸引觀眾的注意

二〇一八年年底，我跟朱為民醫師參加一場講座，聽了講者小汪分享，我轉頭看看坐在我左手邊的為民，他對我聳聳肩，像是回答我「這個故事講完了嗎？」為什麼我跟為民會有同樣的困惑呢？回到當天的現場，小汪上台站定後，誠懇地看著觀眾說：「我想跟大家分享這個對我很有啟發的故事。」在場的人無不側耳傾聽。

「很久以前有一個小男孩，他常常在一顆蘋果樹下玩。他把樹葉摘下來編成王冠、做成玩具；有時候他會爬上樹幹，抓著樹枝盪鞦韆；有時候會坐在樹蔭下，吃著蘋果和樹聊天。男孩好愛這棵樹，樹也很愛小男孩，他們每天都很快樂！」這是謝爾．希爾弗斯坦《愛心樹》的故事，是一棵蘋果樹和男孩之間的感人故事，分別以男孩童年、少年、成人、中年及老年等五個時期為敘述軸心。

小汪才剛開始說故事，我已經知道故事的結局了。在場有些朋友對這個經典作品倒背如流，憑藉著對故事的熟悉感索性拿出手機回覆訊息，然而小汪的語調充滿生命力，吸引我想認真聽他說故事。

「日子一天天地過去，男孩也長大了，他很久都沒來找樹玩耍，樹覺得很孤單。小汪的表情顯得哀傷。

有一天，男孩終於來了，樹說：『孩子，我好想你啊！來，快爬到我的樹幹上，抓著我的樹枝盪鞦韆吧！在我的樹蔭下吃蘋果、玩耍，就像以前一樣。』

小汪眼睛瞇成一條線，極力演出樹的溫暖。

『我已經不是小孩子了，我不想再爬樹玩耍。』男孩說：『我想買玩具來玩，你可以給我一些錢嗎？』

這時的小汪像個任性的孩子，走向場中央向觀眾伸出雙手。

樹說：『對不起。我沒有錢，但是你可以拿我的蘋果到城裡去賣。有了錢，就可以買到你要的東西了。』男孩於是爬到樹上，摘下樹上所有的蘋果，帶著蘋果離開了。樹覺得好快樂……。

每次男孩來到樹下，樹都一如以往給了他想要的東西，錢、房子、一艘船……。

故事愈來愈沈重，樹的無私讓小汪不自覺地在台上慨嘆，當男孩成為老人再度向樹提出請求，樹的回答是：『很抱歉，孩子，我的蘋果已經沒了，我只是一株殘破的老樹根，很抱歉……。』

『太好了，殘破的老樹根正適合拿來坐著休息。』男孩的話讓現場一片沈寂。男孩坐在樹下，樹很快樂。」小汪抿著嘴說到故事結尾，沒有一絲的快樂。

獲得啟發，使故事更有整體感

小汪的聲音和表情都極具吸引力，他走下台，主持人接了麥克風上台，場子停頓了好一陣子才出現掌聲，繼而竊竊私語相互詢問：「故事說完囉？」「然後呢？」一時間我聽不清楚主持人在說什麼，大家像找到了機會可以詮釋自己體悟到的《愛心樹》，交頭接耳的聲音愈來愈大聲。

「誰為我們建立溫暖的家？誰辛苦地工作賺錢供小孩讀書？這都得感謝什麼人呢？」說這句話的是個年輕的媽媽，她正在跟幼稚園的女兒曉以大義。

「父母親的無怨無悔是世界上最珍貴的愛。」「只要孩子把書唸好，父母親就會滿足他們所有的需求。」說這兩句話的父母親，他們的小孩看起來是個國中生，臉上還冒著幾顆剛發芽的青春痘。

「這就是老年人的悲哀，年輕時為孩子做牛做馬，等到老了，孩子也不在身邊，看病都得一個人來。」說話的是頭髮斑白的老先生。

當大家都發表各自的看法時，我好想知道《愛心樹》對小汪的啟發是什麼？我好奇的是小汪為什麼要說這個故事？我想知道小汪為什麼在這樣的場合裡說這個沈重的故事？

找到說故事背後動人的初衷

小汪是山區裡的教師，五年來，他感受到外界的資源對偏鄉的挹注，不費吹灰之力得到饋贈，有些孩子會刻意彰顯自己的弱勢，就像《愛心樹》裡的小男孩一樣，肆無忌憚地將手心向上，小汪認為此風不可長，他希望大人們能夠教孩子心存感激，除了口頭的感謝之外，還能讓感謝化為具體行動，寫卡片、做勞作都可以。

我提醒小汪下次說《愛心樹》時加上這一段，大家就能感受到這個故事帶給他的啟發，同時，他也啟發了大家。

一個故事，兩種啟發

中場休息，一位體型壯碩的先生走到我面前，遞了名片給我，他客氣地問我怎麼能把故事說好？「仙女老師，我是宇祥，是汽車業務，我對《愛心樹》這個故事也很有感覺，現在大家都說銷售要先講故事，我也講了《愛心樹》，然後我的客戶就會說『對啊！要孝順要即時，所以要買好一點的車載父母出遊。』其實這樣也是可以啦！但是，我講《愛心樹》是想勸那些女性客戶不要買二手車。」我納悶地睜大了眼睛，不知道這跟二手車有什麼關聯。

宇祥接著說：「每一輛車都跟這棵蘋果樹一樣會愈來愈老，性能愈來愈差，女性車主與其買二手車，我建議她們買新車，安全性高，不會動不動就拋錨。殘破的老樹根還能提供男孩休息，很多女性駕駛遇到狀況就手忙腳亂，不知所措，根本無法好好休息的。」我聽了猛點頭，想起以前開二手車提心吊膽的經驗。

宇祥在意的是二手車對女性族群帶來的困擾，他開啟了《愛心樹》銷售版的溫馨提醒，有別於小汪「施與受」和「珍惜」的呼籲，一樣故事，兩樣情懷，同樣動人。

營造故事整體感必須思考的事

以前大家總以為把故事情節講完，結局出現，就算講故事了。情節的鋪排是醞釀發酵的過程，尾聲將掀起另一波的巨浪。而如何打造故事的整體感，讓你的故事產生漣漪，必須思考這三件事：

1 **自我投射**：你是誰？你為什麼要說這個故事？

2 **講者表態**：表達個人明確而具體的訴求或主張。

3 **傳遞價值**：倡議社會中長期被忽略或稀缺的觀念。

下次就算是說《三隻小豬》這種耳熟能詳的故事，也要記得整體感的打造喔！

思考三件事情，打造故事整體感：

1 自我投射
2 講者表態
3 傳遞價值

04 如何找到說故事的使命感

從三件事情思考故事的使命

你說的不是自己的故事，而是代他人發聲，這就是使命感，使命感會成為驅力與動能，支撐你的壓力與挫折。

二〇一六年我和朱為民醫師站上TEDxTaipei宣揚理念，我談「杜絕霸凌」，為民談「預立醫囑」，這兩個議題直白地講無法引起關注，於是，我們運用故事的魔法，將專業包裝在故事裡，將訴求寫入故事內，將生命投射進故事中，用動人的故事喚起了大家的行動。這也是「故事魔法力」開班的原因之一，期望大家都能運用故事的元素，帶出自己的理念。

第三班開班前，好友坤哥丟了訊息給我，他的朋友朱妍安報名了我們的課程，我看了有關妍安的採訪報導，大致上有了心理準備，要面對她私隱的往事。

避重就輕，未能觸及聽眾的內心

上課是四月天，妍安穿著素色上衣，要告訴我們「一份特別的母親節禮物」，而那份禮物只是想要煮一桌菜給媽媽吃。故事大致上是少女時期的她經常外食，不重飲食，光吃路邊攤和泡麵都能過日子。有了兒子恩恩之後，妍安把健康視為飲食的重要元素，所以她決定要辦一桌豐盛的料理給媽媽吃。

那天妍安心情很好，剪了俏麗的短髮到媽媽家，買了大包小包的菜，站在公車站牌請媽媽來接她：「我在三公尺寬的馬路對面向媽媽揮手，大太陽下她撐著陽傘，看了我一眼繼續往前走，我努力地把手舉得高高的，對著她揮，她繼續往前走，一直到我喊『媽』，她才停下腳步，看著我，一秒、兩秒、三秒，她突然大笑，笑到旁邊的路人都轉頭過來看著我們……。」

那是頓滿足的晚餐，一桌子的菜，妍安跟母親，妍安跟恩恩，祖孫三代，吃到了幸福的滋味，妍安眼睛裡閃爍著光芒，說出：「那桌菜就是我吃得最幸福的一頓菜，也是我最幸福的母親節。」

「那是我第一次為她煮飯，但是也成為了最後一次，過沒有多久，她就無預期地離開這個世界上。」妍安的故事也在這裡結束了。

面對傷口，勇於正視故事的使命感

妍安大量地鋪陳飯前的準備工作，我卻感受不到那餐飯的滋味，隱隱地覺得酸楚。中午用餐時間，我跟妍安聊天：「我們的課程不便宜，你為什麼想來上課？」

「你想說母親的故事，是不是有什麼特別的原因？」

「你的故事說得真好，吃飯是一件很平常的事，你能把它形容得這麼盛大，是不是還有什麼沒有說完的？」

我揣想著或許有些事情妍安可能不想說，或者是需要經過沈澱才能說出口。

於是我告訴妍安：「可以說說你與母親以往的相處，才更能讓觀眾感受出這個母親節對你的重大意義。尤其母親後來自殺突然離世，更強化了這個母親節在你生命中的分量。故事總是因為衝突才更吸引觀眾，故事也是因為主角克服了困難才能走進觀眾的心裡。」

妍安在故事的轉折處卻避開了這些重要的元素。

「說故事是個面對自己的過程，我上TED講我女兒安安在學校被同學欺負的事，用眼淚舔噬傷口後卻幫助更多的身心障礙者。有些事，是我們必須做的，責無旁貸。」

我拍了拍妍安的肩膀。

肩負使命，讓故事更有感染力

下午的「實戰力」課程，必須要應用一整天所學習到的主題力、結構力、畫面力、吸引力，妍安開口依然說著母親的故事，表情維持著鎮定，雙手不自覺地握著拳，似乎有些控制不住情緒，從容全不見了。她說著：「明明前幾天我還跟媽媽提要她搬過來跟我和兒子恩恩一起住，我們可以相互照應。」

「我接到一通電話，警察講得很含蓄，要我趕緊過去媽媽那裡，明明是夏天，我在車上一直冒冷汗，爬樓梯的時候，心跳得很快，我一推開門看到媽媽的房間全用毛巾……。」

她慢慢地訴說過往，傾訴身為自殺者遺族，因自殺死亡事件而遭受痛苦的心情：「為什麼她要自殺？」「為什麼我沒有發現她最近不對勁？」「如果我早一點回家，是不是她就不會自殺了。」

妍安的母親和後母在同一年自殺，她在這龐大的壓力下罹患創傷後壓力症候群，對生命感到困惑，甚至被憂鬱症等精神疾病所苦，因此發起「隙光精神」計畫。她希望能長期的陪伴並幫助自殺者遺族走出孤獨，不再封閉自我，真實地面對往後的人生。

我看著妍安的背影，佩服她的勇氣和決心，她之所以說母親的故事，是為了幫助更多的自殺者遺族走出傷痛與迷惘。

找到故事的使命感，你可以這樣做

當你發現想說故事，卻有意無意地閃躲部分記憶，可以像妍安一樣思考三件事：

1 **這是少數族群的議題，但我希望大眾關注。**

2 **這是容易被忽視的議題，我希望大眾明白。**

3 **這是多數人逃避的議題，我希望大眾正視。**

思考過這三個問題之後，你會發現說的不是自己的故事，而是代他人發聲，這就是使命感，使命感會成為驅力，成為你努力不懈的動能，支撐你的壓力與挫折，強大你渴望影響眾人的信念，在往後荊棘遍布的道路上，「說故事」將會變成一種理念模式，伴隨著許多需要幫助的人。

故事的漣漪

二〇一七年五月妍安為隙光精神辦了為期兩個月的募資活動，期望能募到五十萬，成立支持團體，幫助遺族整理生命經歷；拍微電影讓台灣民眾更了解自殺者遺族。六十天後。募資沒有滿額，我收到了退費。

妍安在臉書上寫著：「A計畫用完了就會繼續B計畫，B計畫再不行還會有C計畫，直到完成的那天。」

我相信，妍安的隙光精神，將會慢慢地影響自殺者遺族，看到生命縫隙中的光芒。

想想這三點，找到故事的使命感：

1 這是少數族群的議題，但我希望大眾關注。
2 這是容易被忽視的議題，我希望大眾明白。
3 這是多數人逃避的議題，我希望大眾正視。

05

說故事如何喚起行動力

用故事初衷喚起聽眾的行動

送給每個有故事想說的人一個重要提醒，記得在故事最後加上行動的初衷，它將強而有力地在聽眾心中埋下良善的種子。

二〇一七年春，我參加了由憲福育創舉辦的「第五屆滴水穿石講師聯誼會」，到場的全是「憲福講私塾」的學長姐與同學們。憲哥和福哥開場之後，隨即由楊為傑醫師Albert與我們分享「里程帶你看世界」，含金量超高的升等頭等艙的竅門，開了大家眼界，原來搭飛機可以這麼瀟灑自在。接著大仁哥楊坤仁醫師登場，第一張投影片就讓全場大笑，根本就是Albert的投影片，連重做都不用，標題只多加一行字，變成「里程帶你看世界，放手更能追夢想」。講者名字改成楊坤仁，歡喜開場。

好的開場，立刻吸引聽眾的注意

一段「幸運日本」的故事，光看標題就知道富可敵國的醫生，意圖低調呈現豪華精緻旅遊的從容。去年冬天大仁哥臉書上不時洋溢著幸福，他帶著一家四口到北海道，每天山珍海味，妻「閒」子「笑」，讓我們這些在台灣上班的朋友們用餐時刻都想封鎖他的臉書。打從第一張投影片開始就是個讓人羨慕的起點，不只投影片不用自己做，就連內容都要讓人眼紅。

他說了旭川到秩內的故事。一家人到了旭川，午飯也沒吃，一心想著到了秩內再大快朵頤。只是進了旭川車站，時刻表上卻找不到往秩內的車，站務人員看出了他的焦急，講了一串日文雞同鴨講後，拿起隨身紙筆寫下旭川沿路經過的車站與時間的紙條給了大仁哥，並提醒他這是最末班車了。一上車，他想著找到座位就能安頓兩個年幼的孩子，哪裡知道車廂內人潮洶湧擠得密不透風，為了老婆和兩個孩子，他想說怎麼樣也得走到下一節車廂，讓他們至少有個能好好站著的立足地。放眼望去，沒有，沒有下一個車廂，就這樣一家四口腿酸腳痲的站了將近兩小時才到名寄站。

到了名寄站，有了空位，他們趕緊找位置坐下，哪裡知道身邊坐著的人陸陸續續也下了車，不到一會兒的功夫，車上剩下他們一家四口喜孜孜地感受獨霸車廂的尊榮。突然，車廂外有個戴著毛帽的阿姨比手畫腳地要他們趕緊到對面月台換車，停靠名寄站只有四分鐘，約莫一分鐘後，車就要再度啟程，帶著老婆和兩個幼小的孩子推著兩大箱行李毫不猶豫地衝向對面月台，雙腳剛踏上車廂，車門關上了，他才發現自己心臟狂跳不已。

全場除了大仁哥還算冷靜之外，其他人早已笑得合不攏嘴，一直要到笑聲停止，大仁哥才能繼續他的家庭旅程。

情節轉折，帶領聽眾更進入故事

終於能在車上稍事休息，到了音威子府，他想這回一定要跟上大家，車門一開，率先帶著老婆與兩個小孩，推著兩箱行李義無反顧地跟著前面的旅客往前走，氣喘吁吁地暗自慶幸這次跟上了大家。哪裡知道戴著毛帽的阿姨追上他們，又比手畫腳的問他：「住哪個飯店？」她告訴大仁哥去秩內不需要下車，原班車就能抵達。足智多謀的大仁哥再度失策，我看到隔壁的 EVA 笑到眼淚都流出來了。

大仁哥又匆匆帶著老婆與小孩，推著兩卡行李回到車上，一家人精疲力盡，才剛找到位置，三歲的小兒子馬上跟爸爸說肚子餓，大仁嫂椅子還沒坐熱，隨即翻著隨身行李找食物，五歲的女兒也說：「爸爸，人家也好餓。」夫妻才發現身上連吃的也沒有。天無絕人之路，旁邊一位帶小孩的媽媽，拿出了兩個紅豆麵包分給了他們。當誠懇的大仁哥說出原本算好要到秩內吃帝王蟹大餐，卻只能在電車裡吃著日本在地紅豆麵包，他也無奈地陪著我們笑。

原訂七點四十九分到秩內的車，幾經波折，出了站，兩大兩小的身影在寒風中有氣無力地走著，到飯店已經十點了。全場笑聲不絕於耳。故事若是戛然而止，在觀眾的記憶裡這將會是個哏埋得很好的幽默有趣的故事。

初衷結尾，引起聽眾的共鳴

大仁哥收起了笑容，感謝戴著毛帽的阿姨告知要轉車，感謝帶著孩子的媽媽分享的紅豆麵包，「全家沒被丟在無人車站，也沒餓死，因為受人幫助」，這樣的體悟讓他一肩挑起了去年十二月份「劉大潭希望工程關懷協會」辦理的「第三屆說出生命力」總召的重責大任，「金錢是努力的獎勵，而不是生活的目的」，更打造了一支強大的輔導團隊，匯集更多人的專長幫助身心障礙者能說出自己的生命故事。

今年，他的腳步跨得更大了，希望減少醫療糾紛，醫護不再被告，回歸醫療初心，舉辦十場公益巡迴演講，從台灣頭講到台灣尾，希望藉由行動的力量，讓台灣更好！聽完之後，我隔壁的 EVA 又哭了，我問她：「為什麼又哭了？」她說：「可以把一個原本看似笑話的故事轉化為行動的力量，這也太會說了。」故事的後勁才是最迷人的，大仁哥找到了志同道合的夥伴——白金潛水教練陳琦恩與安寧緩和朱為民醫師，宣揚「撿塑不如減塑」與「安寧照護」的理念，共同為台灣而講。

點出故事初衷的好處

說故事如果只有說故事，就會少了餘韻。說完故事之後，加上原本說故事想傳遞的初衷，能有以下幾個優點：

1 **把個人的故事與觀眾連結擴大影響。**
2 **喚起觀眾隱藏的熱情並化為具體行動。**
3 **找到志同道合的同行夥伴走得更遠。**

謝謝大仁哥故事的啟發點燃了我幫助他人的熱忱，就讓我先為這個美好的故事留下記錄，並送給每一個有故事想說的人一個重要的提醒，記得在故事最後加上你行動的初衷，它將強而有力地在聽眾心中埋下一顆良善的種子。

點出初衷，喚起觀眾行動力的三個好處：

1 把個人的故事與觀眾連結擴大影響
2 喚起觀眾隱藏的熱情並化為具體行動
3 找到志同道合的同行夥伴走得更遠

06 如何讓故事發揮續航力

選對題材持續故事的效力

進行機會教育最好的方式就是說個與事件呼應的故事。遇到問題別急著生氣，先想想有什麼故事可以幫助你解決困境。

對我來說，帶班就是帶領一個團隊，我的團隊成員都是十七歲的年輕人，若說三年一世代，我們中間橫亙了觀念的代溝還有習慣的落差，帶班帶得好，老師才能發揮影響力。

我經常受邀主講「班級經營」講座，老師們總會跟我說學生一年比一年難帶，以前的學生就算有主見也能尊師重道，辭意懇切地與老師溝通；現在的學生意見多，不守常規，我行我素又自以為是。前者我無緣見到，我任教職時多半是後者個性鮮明的學生，老師們對於年輕世代的形容，我格外有感。這時候，我會問老師們一句話：「您會想轉職嗎？」「您轉職之後打算從事哪一行？」老師們沒預期到我這麼問，霎時間靜了下來。

我教老師們說故事解決教學困境。

替代責罰，發揮故事魔法力

我對班上這些年輕人的基本要求很簡單：不遲到、不早退。

二〇一七年，九月二十七日，第八節歷史輔導課，歷史老師派了小老師到辦公找我：「仙女，歷史老師要你到教室看一看。」201 教室裡，放眼所及，空了十幾個座位，將近三分之一的學生不見了。不只歷史老師傻眼，我也不明白學生怎麼就這樣蹺課了，才開學不到一個月，還在觀察期，不是應該要「安分守己」才是嗎？

蹺課不是學生個人的問題，會讓班級陸續產生破窗效應，很快地就會面臨兩種狀況：一是陽奉陰違。學生認為任課老師不跟導師講，就可以自由地蹺課。反正只要我的國文輔導課全班到齊，反正只要全班講好不密告導師，就是個表面乖巧的班級；二是風氣敗壞。不蹺課的學生看到蹺課的學生這麼多，起而效尤，嘗試第一次，就有第二次，他們的想法都是我蹺課，你記我曠課就好啦！又不是做壞事，有什麼不可以。此風不可長，班級學習狀況每下愈況。

隔天，九月二十八日，我一打開 201 教室的門，班上沒開燈，暗暗的，我聽到了清騰的吉他與全班的歌聲，學生能記得教師節讓我紅了眼眶，更何況還有一張全班合寫的很大的卡片，我輕而易舉地被學生收服。學生應該對我有好感，只要我用對了方法，就能借力使力把蹺課的層次提高到全班高度，而非個別問題。我平靜地說：「昨天好多人第八節歷史課不在教室裡，我想知道昨天第八堂課在教室裡的同學有什麼想法？」學生們分組在白板上寫下自己的感想。

第一組：「我看著班上一個個空位，覺得很不公平，為什麼他們可以開心地去看球賽，我們卻要在教室裡面對冰冷的課本？所以，知道他們被抓到了，心裡有點開心。」

第三組：「有人錯愕地問：『蛤？你們要走囉？』有些人交頭接耳：『這是蹺課吧？』老師上課的語氣輕快如常，我卻覺得這是開學以來最沈重的一次，頓時有股莫名的罪惡感。」

第六組：「看到歷史老師和仙女一前一後地走進教室，臉色不是很好，我隱約猜到發生什麼事。心裡有些不平衡，我也好想回家休息，做自己喜歡的事，當時卻只能在教室裡看著一切，想要裝作自己什麼都不知道，也不想知道，但沒辦法⋯⋯。」

沒翹課的學生說出了心裡的小劇場，蹺課的學生應該早已準備好關上耳朵，等著身為導師的我破口大罵，然後他們左耳進右耳出，於事無補。

提升故事高度，挫折榮耀從不是個人的事

我說了個韓愈之所以寫作〈師說〉的故事。唐代門第觀念深重，門第之家的子弟，不須依靠科舉考試，便可以進入仕途，所以總是輕視道德學術，不肯虛心從師學習。這在當時形成了一種時尚，對於社會文化的傳承，造成了許多負面的影響，韓愈因此提倡師道，想要重振社會學習的風氣。「聞道有先後，術業有專攻」引來多少批評的聲浪？

我語重心長地要沒有蹺課的學生請繼續堅守不蹺課的原則，蹺課的學生改開良善之

風，201 的班風有賴團隊的共識。

韓愈的故事學生會不會記得？應該會，學測會考，這倒其次。我希望畢業後學生記得的是「開風氣之先」。

一千多年前的韓愈為社會風氣而努力，201 又為了自己做了哪些的努力呢？

那年十月，全班為班際籃球比賽加油，男籃得到冠軍，女籃得到季軍。冠軍賽那天，麗文寫著：「星期四中午幾乎所有人都去看了男生的四強賽，最後靠著孟霖的兩顆三分球成功地逆轉勝。就在贏的那一刻全班衝到球員身邊全部圍成一圈跳起來轉圈圈，就像陀螺一樣，那一幕最令我印象深刻，也是最令人感動，最能展現我們班向心力的一刻，大家都跳著、轉著、笑著，超級開心。」籃球比賽不應只是球員的事，是全班的事。

同一個月，全班站上朝會舞台幫清騰助選優良學生，清騰獲得全校優良學生的殊榮（全校僅兩名），接受柯市長頒獎。清騰寫著：「我自己做了首饒舌歌，在台上的時候，全班同學跟著我一起尖叫，一起狂跳，一起帶動全場的氣氛。其實一開始我根本沒有想過全班都會配合我，大家都會這麼挺我。」優良學生選舉不應是優良學生本人的事，是全班的事。

十二月，高二英文說故事比賽得到最佳團體獎。怡君寫著：「比賽上台比平時練習的每一次都還要成功，站在後面的每一個人都努力喊出最大聲，好像在給予前面演戲的主要演員們更多力量一樣。那時候的我們氣勢磅礴，就像要把天花板翻了一樣，在那一刻我們很耀眼，在那一刻我們很團結，在那一刻我們真的是個班級，我們是 201。」

蹺課事件之後，201 班風儼然成形，團隊中每個人都是重要的成員，不可或缺。

讓故事發揮續航力的方法

1 **觀眾鋪墊故事**：先讓觀眾講出自己心中的想法，為故事情節蓄積醞釀。說故事的人再搬出準備好的故事，打蛇隨棍上就能順勢而為，讓觀眾化身為故事中主角。

2 **單一故事核心**：從事件當下預見的危機中，找出最迫切解決的難題，由故事核心概念直指問題。單一核心概念乃避免團體成員各自接收到不同訊息，效果打折。

3 **講成功的案例**：失敗的案例讓人覺得沮喪，尤其遇到困境時人容易退縮。成功的案例才能讓人有往前的動力，有參考的指標，相信努力是有可能有收穫的。

不只青少年，大部分的人明知不該犯錯，但礙於面子，不肯承認，進行機會教育最好的方式就是說個與事件呼應的故事。下次遇到問題時，先別急著生氣，想想有什麼故事可以幫助你解決困境，解決問題才是正本清源之道。

三種方法，讓故事發揮續航力：

1 觀眾鋪墊故事
2 單一故事核心
3 講成功的案例

07

如何找到故事的價值感

重複檢視找到故事的價值

說得太多太雜觀眾也記不住，倒不如好好把主軸說清楚。改變就是價值感，價值讓故事像鑽石，耀眼奪目。

第一次跟韻萍見面是在興隆路的星巴克，我們並不熟悉，純粹因為她是我「故事魔法力」課堂的學員，課堂上舉辦了一個說故事比賽，為了教她說好她的故事，才有了這次的見面。我對她的認識就由第一杯咖啡揭開序幕。

簡單生活處處故事

一小時的見面時間，簡單寒暄之後，直接切入正題。她告訴我工作很忙，待在科技業從沒準時下班過，女兒幾乎都是安親班最後一個離開的，對女兒非常地愧疚。話鋒一轉講到父親愛吃甜食，又愛吃肉，如果外食的話，刈包、爌肉和紅豆湯就是父親的主食，沒有蔬菜，沒有水果，不管韻萍怎麼提醒，父親依然故我。

還有一件讓韻萍擔心的事，父親七十幾歲了，還喜歡開著車四處逛逛，甚至開車繞大半個台北市只為了送兩顆蘋果給住在南港的韻萍，沙發還沒做暖就急著想走。韻萍好多次要求父親留下來多聊聊，說水果她可以自己買，父親跟孫子說了幾句話就自顧自地往門口走，說要趕回新莊。

在台東的弟弟添了第二胎，全家欣喜若狂，父親住到弟弟家，幫忙照顧新生兒。韻萍發現父親那陣子變得好憔悴，也變瘦了很多。她勸父親回台北，讓弟弟請保姆照顧小孩，因為這樣跟父親起了爭執，父親急著說弟弟上班很辛苦，家人應該要互相幫忙。

感同身受，發現在意的重點

三個月前，認識十幾年的推拿師的父親往生，韻萍主動關心。推拿師邊講邊說以前和自己父親的互動，說著自己那時候對父親很不耐煩，覺得父親年紀大了，很固執，怎麼都不聽孩子的勸，還幫他們打掃家裡，他們很擔心父親身體承受不住，愈說愈生氣，口氣也愈來愈兇。推拿師現在覺得很後悔也很寂寞。面對死亡，韻萍的眼淚掉了下來，她沉默了好一陣子才說：「原來我心裡一直在害怕著，哪一天爸爸會離開我。」

我很喜歡韻萍的故事，她沒有自信地問我：「這不會太瑣碎嗎？」這就是人生的縮影啊！我每次回娘家，媽媽煮了一大桌的菜，不惜成本盛得滿滿的，吃不完的就讓我帶回家，水果更是多達三、四種，有些時候，水果就這麼放到爛掉，我可以想像韻萍的「負擔」，這是現在忙碌社會中很難解的親子課題，也是高齡化社會無可避免的「衝突」，韻萍的故事會引起共鳴的。

找到故事的價值感

我問韻萍：「身為高階主管的你，為什麼要說這個故事，這個故事的價值在哪？怎麼不考慮以職場作為故事主軸呢？」

韻萍回答我：「我也不知道要說什麼，覺得最近很煩惱的就是爸爸的事情，乾脆就說這件事情好了。」

我依序給了韻萍三個方向：

1**先刪去**：把故事的人物、事件記錄下來，最多留下三個人物和三個事件，其他全部割捨。她緊張地問我：「這樣故事不會太單調嗎？」一般人說故事，說得太多太雜，觀眾也記不住，倒不如好好把主軸說清楚，**簡要為上**。

2**作筆記**：把留下的人物和事件用有色筆在旁邊寫下最想講的內容，想到什麼就寫下來，就像聽課作筆記一樣，挑自己想要的寫，盡量地寫，寫完之後，筆記合起來，問自己還記得什麼？**攻心為上**。

3**看改變**：找出主角的改變。韻萍眼睛雪亮地說：「我跟爸爸在餐廳吃飯時，爸爸點他愛吃的肉，我點我愛吃的青菜，爸爸自己夾肉，我幫爸爸夾菜，爸爸竟然就把菜吃下去了，臉上沒有不高興的表情。」**改變就是價值感**。

人生沒有平衡只有取捨

我與韻萍多次修正她的故事，她把弟弟的部分刪去了，留下她、父親與推拿師，場景在家裡、診所與餐廳，縮小範圍之後，她的故事有了她的樣子，我記得比賽當天她相當沉穩，故事最後發人深省：「當我們對家人愈無私地奉獻，愈努力地付出，那個害怕，會愈來愈小。到最後……我們會只記得，滿滿的愛。」

韻萍得到第二名，她拿著獎盃跟我說：「仙女老師，我從小就不敢上台說話，就連工作之後簡報也都是因為工作需求才上台的。今天這場演講改變我好多，就連平常在辦公室最愛跟我哈拉的小涂都說我進步超多的。」

故事的價值終究得到驗證

課程結束後，LINE 出現了韻萍傳給我的訊息：「在開課前兩個月，公司業務經理離職，老闆一邊跟我要業績，一邊又批評我辦事不力。我還要自己寫 emai 說出自己有多差，寫不好要再寫。我害怕失業，也不敢對抗這些不公平的指控。只能想辦法委曲求全地溝通，崩潰了很多次，只有家人們知道我的眼淚和壓力，絕望和迷茫。他們也被我影響到情緒失控，一樣無助。爸爸也勸我要放寬心。我努力地學靜坐、上心理學課程、拜拜、運動、讀書、思考、寫故事、說故事。用盡一切努力讓自己不致下墜，繼續忙碌地在工作和家庭中燃燒。」

一個月後，韻萍收到老闆發的信，流利的英文和冰冷的內容要韻萍離開。面對即將被公司資遣，韻萍給我的回應是：「上完這堂課之後，我才真正體會到仙女老師你跟我說的價值感，原來我最在乎的是我的父親，我希望我們都能沒有遺憾。工作再找就有了，而家只有一個。」

價值讓故事像鑽石，耀眼奪目。

三個步驟，找到故事的價值感：

1 先刪去
2 作筆記
3 看改變

Chapter 2

故事結構力

01

說一個有結構的好故事

從電影預告學習故事結構

電影就是說故事，而且電影直接把畫面給你，讓你身歷其境，看電影是學習說故事的方法之一。

在指導說故事的經驗之中，學員最常犯的一個錯誤，就是以為自己的經歷很有趣、很特別、很有深度、很感動自己。但是，最後說出來的故事缺乏結構，毫無章法，就算感動了自己，卻無法感動別人。

不相信嗎？讓我們來做一個練習，如果要你說一個「阿姆斯壯登陸月球的故事」，你會怎麼說呢？

找出結構，讓故事更完整

我最常看到的說故事方式，是這樣子的：「大家好，我今天要說一個故事，是有關阿姆斯壯登陸月球的故事。阿姆斯壯是我從小的偶像，他是一個太空人，也是第一個登上月球的人類。他真的好棒棒。

他從小就立志成為一個偉大的太空人，經歷了千辛萬苦，他終於完成了兒時的夢想，成為一個傑出的太空人，他的太太更是他事業之外家庭的支柱。他在踏上了月球的那一刻，說出了一句經典名言：『這是我的一小步，也是人類的一大步。』這句話感動了無數人，也讓我成為一個更好的人。謝謝大家。」

大家覺得這個故事如何？好像不錯，該講的都有講到。但是在我看來，這個故事缺乏一個開頭，中間沒有轉折，最後收尾也收得不好。然而，要怎麼樣會更好？

從電影預告觀察故事結構

我是一個非常喜愛看電影的人，也寫過很多跟電影有關的文章。電影就是說故事，而且電影直接把畫面給你，讓你身歷其境，看電影是學習說故事的方法之一。只是，電影很長，有時候，我們不妨從電影預告來學習說故事。

一般的電影預告，不到三分鐘，但是多半都可以把故事的大概講得完整，所以非常適合從中學習說故事的結構。

二〇一八年，有一部關於阿姆斯壯的劇情電影「登月先鋒」，是由奧斯卡大導演Damien Chazelle 執導。你會發現，短短的預告要呈現出故事的全貌，所以每一句話都是有意義的。讓我們來看看這段影片中的對話，也可以搭配影片一起看，效果更好：

第一段

長官：「尼爾，大家都同意，我們需要你擔任指揮官。」

長官：「你要去月球。」
同事：「首位登陸月球的人類，那一定很精采。」
主角：「妳確定嗎？」
太太：「這是一場冒險。」
兒子：「媽，怎麼了？」
太太：「沒事，小乖乖，你爸要去月球。」

第二段

長官：「我們的任務極度艱辛，需要大量的科技研發。我們必須重頭開始。」
同事：「靠，那玩意兒有夠大的。他發射時，就像引爆一枚原子彈。」
同事：「尼爾，我們有了麻煩，火箭並不安全。」
記者：「妳先生還活著嗎？」
太太：「我不確定我能承受多少，尼爾。」
長官：「發生一場嚴重火災，我只能痛心地告訴你，他們都死了，尼爾。」
主角：「我們必須在地球上經歷失敗，才能換取登陸月球的成功。」
長官：「但要付出什麼代價？」
主角：「現在問這問題未免太晚了吧？長官。」
太太：「尼爾，這可能是孩子最後一次見你。」
技師：「誰有瑞士刀？」

同事：「瑞士刀，你在開玩笑嗎？」
兒子：「你認為你回得來嗎？」
主角：「我們絕對想要安然返回地球。」
兒子：「但是你們可能回不來。」
兒子：「祝好運。」

第三段

同事：「10、9……點火程序開始……6、5、4、3、2、1，升空！」
主角：「我們遭遇很嚴重的問題。」
長官：「一切都在掌握之中。」
太太：「你們什麼都無法掌握！」
同事：「怎麼回事，尼爾？」

（影片在登陸月球的一瞬間結束）

結構分析練習，懂得分析才能學會運用

看得出來這個預告是如何運用說故事的結構嗎？讓我們來解析每一段內容：

第一段：起

「尼爾，大家都同意，我們需要你擔任指揮官。」——主角的名字與職位

「你要去月球？」——遠大的志向

「首位登陸月球的人類，那一定很精采。」——崇高的目標
「妳確定嗎？」
「這是一場冒險。」
「媽，怎麼了？」
「沒事，小乖乖，妳爸要去月球。」——家人的支持
第二段：轉
「我們的任務極度艱辛，需要大量的科技研發。我們必須重頭開始。」——任務的困難
「靠，那玩意兒有夠大的。他發射時，就像引爆一枚原子彈。」——潛在的風險
「尼爾，我們有了麻煩，火箭並不安全。」——任務的困難
「妳先生還活著嗎？」
「我不確定我能承受多少，尼爾。」——家人的壓力
「發生一場嚴重火災，我只能痛心地告訴你，他們都死了，尼爾。」——同伴驟逝
「我們必須在地球上經歷失敗，才能換取登陸月球的成功。」
「但要付出什麼代價？」
「現在問這問題未免太晚了吧？長官。」——二難的抉擇
「尼爾，這可能是孩子最後一次見你。」——家人的壓力
「誰有瑞士刀？」

「瑞士刀，你在開玩笑嗎？」——任務的困難
「你認為你回的來嗎？」
「我們絕對想要安然返回地球。」
「但是你們可能回不來。」——失敗的風險

第三段：合
「10、9……點火程序開始……6、5、4、3、2、1，升空！」——任務的終點
「我們遭遇很嚴重的問題。」
「一切都在掌握之中。」
「你們什麼都無法掌握！」
「怎麼回事，尼爾？」——過程的艱險
（影片在登陸月球的一瞬間結束）——任務順利成功

用結構力六字訣，說一個架構完整的流暢故事

看出端倪了嗎？基本上，所有人都知道阿姆斯壯故事的大概，也知道他最後成功登上月球了。但是一個這樣耳熟能詳的故事，仍然可以經由起、轉、合的結構，營造出高低起伏，充滿困難、克服與感動的歷程，成為一個吸引人的好故事。

若是在「起、轉、合」之外，再搭配故事的開頭、最後的連結與帶給觀眾的行動，就可以得出故事結構力的六字口訣：「開、起、轉、合、連、動」。

只要一個故事，這六個部分都有做到，那麼它必定是一個具有架構的流暢故事。接下來，讓我們一一來解析，實際運用在自己的故事當中，這六個方法該怎麼使用！

【登月先鋒】國際版預告

故事結構力六字訣：

開、起、轉、合、連、動

02

開：好故事該如何開場

好的開場造就成功的演講

活用三種開場方式，好的故事開場，不僅可以讓觀眾快速認識你、吸引觀眾的注意力，也讓觀眾更快進入故事氛圍。

好多人想要把一個故事說好，卻往往一開場就扣了分。舉例來說，如果我們今天要說一個「霸凌」的故事，最常犯的錯誤是什麼？以下舉幾個常見的例子。

「大家好，我今天要講一個霸凌的故事。它發生在我的學生身上，是一個好可憐的故事。」——一開始就說你要說什麼故事，而且把故事的細節和情感都說了，故事出來就沒有驚喜感了。

「大家好，我很高興可以來這裡為大家說故事，真的很榮幸。其實我跟校長是好朋友，他長期關注學校霸凌的議題，是我們教育界的偉人。」——跟主題無關的開場白講太多，特別是一些客套話，台下容易進入昏睡狀態。

「大家好，我……真的很開心可以來這裡分享我的故事……今天要講的是一個霸凌的故事，老實說……我自己也沒有什麼接觸霸凌的經驗……但還是想要試試看，非常感謝主辦單位給我這個機會。」——一開始就表明你並不是相關議題的專家，無論你說了再精采的故事，觀眾都會懷疑故事的真實度。

以上的例子，看起來是不是很熟悉？

好的開場，帶領觀眾進入氛圍

我們都看過這些開場的錯誤，甚至可能自己就曾經犯過這些錯誤。那麼，該怎麼做？我們來看看仙女老師在 TEDxTaipei 的開場：

「我是個高中老師，今天要說兩個故事。第一個故事發生在一〇三學年度。特教組問我：『余老師，身心障礙學生凱安安置在你的班上好不好？』所謂身心障礙學生要不是肢體障礙，要不就是心智不成熟。唉！我想請問各位兩個問題：第一個問題是，您願意您的孩子跟身心障礙學生同班的請舉手。謝謝大家請放下，大部分的人是願意的；第二個問題是，您願意您的孩子是身心障礙者的請舉手。沒有人舉手，顯然這不是我們生命當中的選項。」

看出來仙女老師用了哪些開場的方法了嗎？一個好故事，若能搭配一個好開場，有三個功能：

- 讓觀眾很短的時間就知道你是誰，還有你與主題的關聯性。
- 透過簡單的操作，把你要講的主題的重要性植入觀眾心中。
- 透過互動，讓觀眾很快能進入故事的氛圍，避免分心。

這些，仙女老師都在短短三十秒的開場當中做到了。其實不難，每個人都做得到。好故事的開場方法有三種，以下分別舉例說明：

肢體號召——舉手法

舉手法是最簡單，也是最容易能夠喚醒觀眾注意力的方法。透過問問題與觀眾互動，不僅讓觀眾先在腦中思考一遍跟主題有關的問題，讓他們自動自發地將自己置入故事的情境，同時也運用「舉手」這樣的肢體動作，趕跑瞌睡蟲、手機、平板等會令人分心的事物，使觀眾注意力更集中。再來，還可以製造場面熱鬧的效果，讓不想聽的人也專心聽一下了。

但是，舉手法看起來簡單，內涵卻不簡單。我看過太多使用舉手法錯誤，反而造成反效果的例子。提供大家使用時應掌握的要訣：

- 問題要直接、簡單、指令清楚

舉例而言，如果仙女老師一開始問：「您願意您的孩子跟身心障礙學生同班嗎？」之後停下來等觀眾回答，而沒有說「請舉手」的話，可能有的人會舉手，有的人不知道要不要舉手，造成奚奚落落的現象，反而無法達到預期效果。

- 不要問反向問題

舉例而言，如果仙女老師一開始問：「您不願意您的孩子跟身心障礙學生同班的請舉手？」這樣的話，觀眾一定大部分都選擇不舉手，失去了互動的意義，原來滑手機的還是繼續滑手機。要注意，舉手法不是在考觀眾對不對或是會不會，而是營造一個思考的空間，同時創造互動的機會。

• 請觀眾舉手，自己的手要先舉起來

有一句廣告名言「要刮別人的鬍子之前，先把自己的刮乾淨。」同理，要請別人舉手之前，講者要先把自己的手舉起來！自己舉手有一個示範的作用，告訴觀眾「如果你也同意，就可以跟我這麼做」如此，觀眾就不自覺地跟著照做了。

實物輔助——道具法

我非常欣賞的另一位說故事高手，經營「陸爸爸故事館」的陸爸爸陸育克，在二〇一四年TEDxTaipei的開場，他不僅自己衝出來，而且手上還拿著一個玩偶，就這麼操作玩偶一面用玩偶的口吻說：「哈哈哈哈哈！哎呀！今天陸爸爸沒有空來說故事，他太緊張太緊張了，結果他在家裡面啊，頭髮痛、鼻子痛、眼睛痛、嘴巴痛、全身都痛……哈哈哈哈哈！」陸爸爸一這樣出場，全場都笑了。在故事一開始的時候拿出一樣道具，營造了非常吸睛的效果。觀眾會想知道「那是什麼？好像跟一般的故事不一樣耶！」就不自覺地提高自己的專注程度。同時，好的道具也可以間接介紹自己，就像陸爸爸一樣。

開場使用道具，要注意的是，道具一定要和故事有關。講香蕉的故事，一開始拿一顆芭樂出來，那就搞笑了。道具一定要跟故事有很深的關聯，才值得在一開始把它拿出來。曾經有一個國內保險公司的業務，在他們公司舉辦的說故事比賽，一上場，身上掛著七、八面運動比賽的獎牌，閃亮亮地，他開口說：「大家好，我是小陳，我是我們公司今年度業務績效總冠軍。小時候，我是體操金牌選手，那時我的志向是成為奧運國手。今天，我想跟您分享，我從體操選手變成業務王牌的人生故事。」大氣、自信的開場，搭配道具，觀眾很快就認識他是誰，以及他要說的故事方向。

開門見山——自我介紹法

自我介紹也是非常好用的開場方式，很直接了當地介紹你是誰，你的經歷是什麼，為什麼是你站在舞台上等等。也是我個人非常喜歡使用的方式。我在TEDxTaipe的開場是這樣的：「大家好，我是朱為民，我是一個安寧緩和專科醫師，在安寧病房有七年經驗，陪伴超過五百位臨終病患和家屬，走過生命中的最後一程。」

短短幾句話卻達到三個目的：首先告訴觀眾我是誰，我的專長是什麼，讓大家有一個初步的認識；再來暗示觀眾我是有經驗的，我看過很多臨終病人和家屬，我很適合講這個主題，提高觀眾對自己的信任度；最後，我自己豐富的經歷，正好可以跟之後面對家人生死交關、手足無措的場景，提供了一個鮮明的對比。觀眾就會思考：連他這麼有經驗的人都這樣無法做決定，那我呢？就會不知不覺地更希望對這個主題有所了解。

仙女老師的開場「我是個高中老師」也具有同樣的功能：介紹自己是誰，同時和之後急轉直下的劇情做一個明顯的對比和凸顯。

除了前面三種主要的開場法，其實還有一種，那就是——**直接開場法**。顧名思義，直接開始說故事，不需要多餘的技巧，讓觀眾可以慢慢從故事就認識你是誰，認識你要說什麼故事，認識說這個故事的意義。直球對決，也是很棒的開場方式。

開場只是快速介紹自己，讓觀眾的注意力回到你身上，同時提醒觀眾「我今天要講的很重要」的技巧。真正的重點還是在故事的本質和內容。下一篇，我們來介紹故事的主要架構：起、轉、合。

一堂由老師以身作則的生命教育｜余懷瑾Huai Chi Yu | TEDxTaipei

四種建議方法，營造好的開場：

1 舉手法—肢體號召

2 道具法—實物輔助

3 自我介紹法—開門見山

4 直接開場法

03

起：故事的起點決定了一切

三大要素成就一個好開頭

故事一開始若沒有一個主要的頭緒，會讓聽眾一直在想這個故事到底在說些什麼？愈想愈煩躁，後來就放棄治療了。

一個好故事，就像一部好電影，或一個好劇本一樣，一定要有一個開始，一個中間，和一個結尾。用我的記憶法，就是「起—轉—合」。而這三段之中，「起」是最重要的，因為如果故事的開始走錯了方向，想當然爾之後不知道會走到哪裡去。

好的開頭，吸引觀眾繼續聽下去

小志是「故事魔法力」的學員之一，二十八歲就擔任知名房仲公司業務經理的他，上課的時候非常認真，也常常舉手發問問題。只是，當第一天課程結束，我收到他交過來的故事錄音檔，不禁為他捏了把冷汗。

他的故事是這樣子的：「大家好，我今天要說一個人生奮鬥的故事。我並不是天生的業務人才，一路走來，其實我很感謝我的叔叔、我的媽媽和陳阿姨，他們都是我生命中的貴人。我的叔叔在我人生最低潮的時候跟我說：『來試試看房仲業務吧！』如果沒有他，就沒有現在的我。還有我媽媽，她……。」

聽到這裡，我默默按下手機「停止播放」的按鍵。故事一開始若沒有一個主要的頭緒，會讓聽眾一直在想「這個故事到底在說些什麼？」愈想愈煩躁、愈想愈煩躁，後來就放棄治療了。好的故事的起點有三個重要的原則，以下為大家詳細解說。

故事的靈魂——主角

主角是一個故事中最重要的元素，如果一個故事中不知道誰是主角，那這個故事很容易失焦，聽眾也不知道注意力要放在哪裡。舉例而言《登月先鋒》的主角是阿姆斯壯，所以在電影一開始，故事花了一些篇幅介紹誰是阿姆斯壯，他的職業是什麼，他的家庭背景如何等等，讓觀眾很容易就進入阿姆斯壯的情境之中。

同樣的，《哈利波特》的故事主角是哈利波特，一開始就要敘述哈利波特住在樓梯間，鬱鬱寡歡的模樣；《獅子王》故事的主角是小獅子辛巴，故事一開始就描繪出了他如何在眾人的期待下成長；《如懿傳》的主角是如懿……都是同樣的道理。

不過，我們畢竟不是寫劇本拍電影的，我們的故事主角會是誰比較好呢？答案是：自己。對於初學說故事的朋友來說，說自己的故事永遠是最容易上手，也最能夠吸引台下觀眾的方法。因為聽故事的人，永遠都對台上的人保有一個好奇心：「你是誰？為什麼你站在台上？」這時說自己的故事，就很容易打中聽眾的心。

記得把自己放進別人的故事裡

我想你一定會問：「那如果我想說一個別人的故事，該怎麼辦？例如爸爸奮鬥的故事、我的恩師的故事、鄰居老王彈鋼琴的故事……是不是這樣故事就很難吸引人？」

當然不是，說別人的故事也很好，只要是可以感動自己的故事，都是好故事。但是，如果是整個故事都在說別人，有一個很重要的技巧，那就是「把你自己放進去故事當中」。不是只說別人有多好有多棒有多艱苦，還要把你自己在故事中扮演什麼角色說出來，從你的視角中如何看這個故事的主角和人生。如此，故事才會更吸引人且更有深度。

例如，鄰居老王練琴的故事，可以這麼說：「鄰居老王到了五十歲不知道哪根筋不對開始練琴，他每天到了傍晚就會開始彈琴。一開始彈得不好，但是愈彈愈好、愈彈愈好，技巧愈來愈複雜，曲目也愈來愈多變化。後來，他去參加社區鋼琴比賽，跟一群小朋友在一起比，他不但不害羞，反而拿到第三名。」這樣子說，就是完全用第三人稱來敘述的故事，沒有把自己放進去。

如果把自己放進去，可以這樣說：「我跟鄰居老王認識十年了，有一天在倒垃圾的時候，他嘴上叼著香菸跟我說：『老朱阿，我最近想開始練鋼琴。』我回他『你神經病嗎？工作太閒嗎？』他沒說什麼。但是幾天之後，每到了傍晚我在家翹腳看電視的時候，我就會聽到樓上傳來鋼琴的聲音。一開始，琴音斷斷續續地，連不到一起，非常干擾。我心裡想：『老王沒事彈什麼琴，吵死了。』但是過了幾個月，每到傍晚傳來的琴音愈來愈優美好聽。不知不覺，我竟然每天開始期待傍晚的時刻，聽聽免費好聽的音樂。上個月，老王去參加社區的鋼琴比賽，最後竟然打敗好多厲害的小朋友，得到第三名。我站在後面看著他接下獎牌，真的覺得很激動。」

是不是不太一樣呢？

故事的定錨——時間和地點

時間地點在故事中的重要性不言而喻，想想看，我們走進電影院看電影，電影開始播放，出現一個人和小狗。這時候，我們第一個念頭是：「這是什麼時候發生的？是現在嗎？古裝嗎？未來科幻嗎？」還有「這是在哪裡發生的？是家裡嗎？學校嗎？外星球嗎？」時間和地點，具有「定錨」的效果，讓我們明白這個故事處在哪個時空的位置。

我在TEDxTaipei說的故事，自我介紹開場過後，我說的第一句話是：「二〇一三年，我父親八十一歲，有一天早上……」這裡清楚告訴觀眾，這個故事是二〇一三年發生的，而且那時父親八十一歲。這個時候，觀眾腦中的意識就會不停翻動：二〇一三年？那時我在做什麼？我那時幾歲？他爸那時已經八十一歲了耶！好老喔！我爸那時才五十歲。喔……朱醫師這麼年輕，他爸一定很晚才生他……。

就這樣簡簡單單一句時間、地點加年紀，就可能引動觀眾想到當時的自己、自己與父親的關係，自己與講者的年齡差距……不知不覺就讓觀眾被故事牽著走。仙女老師故事的開始，也是一樣：「我是個高中老師，今天要說兩個故事。第一個故事發生在一〇三學年度。特教組問我：『余老師，身心障礙學生凱安，安置在你的班上好不好？』」一〇三學年度，就是「定錨」。

故事的方向——志向或目標

說了主角是誰，說了時間地點之後，還要說一個主角的志向或目標。志向或目標，是角色的方向。每一個觀眾都想知道主角在想什麼，主角要往哪裡去？這個是在一開始就可以敘述的。

電影《登月先鋒》的主角阿姆斯壯，在故事的一開始，畫面帶到他一次失敗的飛行，之後描述他低潮鬱鬱寡歡的樣子，讓我們知道，阿姆斯壯希望成為一個好的駕駛員；剛剛說的鄰居老王的故事：「我跟鄰居老王認識十年了，有一天在倒垃圾的時候，他嘴上叼著香菸跟我說：『老朱阿，我最近想開始練鋼琴。』」告訴我們老王他想把鋼琴練好。

我在一個私人的場合用八分鐘說了父親生病故事的另一個版本，一開始我這樣說：「二〇一三年，我三十歲，那時候真可以說是一帆風順。生活面，前一年剛新婚，度蜜月，非常甜蜜；工作面，剛結束住院醫師訓練，考上家醫科和安寧緩和兩個專科醫師，又進入自己所希望的另一個專科醫師訓練，還考上研究所準備要進修，那時真可說是意氣風發。」之後才開始敘述父親生病，全家愁雲慘霧的畫面。

故事一開始把主角的志向或目標說出來，有兩個作用：一是讓觀眾有一個預期心理，明白故事是有方向的，但也隱隱地覺得之後會發生一些事；二是等到後面故事的轉折真正出現，前面的志向和目標會變成之後轉變的一個對比，或是一個隱藏的希望，可以提升故事的深度。所以下一篇，我們來談談，故事的轉折要如何營造。親愛的朋友，如果你想說一個故事，會用誰當作主角？會是什麼時間地點？主角一開始會有什麼志向和目標呢？寫下來，你會發現你的故事架構慢慢成形！

故事開頭必備的三個元素：

1主角──故事的靈魂
2時間和地點──故事的定錨
3志向或目標──故事的方向

04 轉：有轉折，才有精采的故事

情節高潮迭起，故事更有力道

善於運用轉折，讓你的故事高潮迭起！然而故事不是只有轉折就沒有了，最後的收尾才是大家期待的結局。

故事的轉折，通常是故事的核心，也是故事中段承先啟後的關鍵。因為一開始若敘述了主角遠大的志向和理想，中段的轉折正好映照了理想的困難；若中段的挫折如此不容易，尾段的克服困難才更顯得珍貴和偉大。

從經典故事看轉折的作用

你一定聽過或看過以下的某幾個精采故事：

超人：超人神猛無比，希望拯救生靈塗炭，但遇到綠色金屬就會失去力量。

獅子王：小獅王辛巴是王位繼承人，但是父親慘遭叔叔背叛殺死，自己還被誤認為兇手，只好流落他鄉。

魔戒：魔戒遠征軍組成時意氣風發，但是卻被索倫大軍打地潰不成軍，遠征軍解散，成員四散各方。

蝙蝠俠：蝙蝠俠是低調的超級英雄，打擊犯罪，但是小丑的出現，挑戰了他人性的最後一道防線……。

這些故事流傳許久的經典故事，他們有什麼共通特色？答案是，情節的轉折非常劇烈且深刻。想一想，如果超人的故事是超人零弱點，戰無不克，攻無不勝，每天只要披上披風就可以救好多人，這樣的故事好看嗎？如果小獅王辛巴從小就養尊處優，長大後很順利地就登上王位，統領動物世界，這樣的故事好看嗎？如果魔戒遠征軍在遠征過程一路都沒遇到敵人，輕輕鬆鬆地就把魔戒丟到末日火山裡毀滅了，這樣的故事可能沒辦法拍三集，只能拍一集。說故事的轉折通常有四個方式：缺陷、對手、衝突、困難。

豐富內容的要素──缺陷

顧名思義，「缺陷」是指先天的弱點或不足，通常以身體或心理的殘缺來表現。舉例而言，大家都熟悉的《海倫凱勒》的故事中，海倫凱勒從小就因為急性腦炎而使得她失明和失聰，正因如此，更顯得她日後成就之偉大；《超人》也是一樣，若超人所向無敵，故事就乏味無趣，正因超人被綠色氪金屬一靠近就會氣力全失，才更增加了故事的精彩和豐富度。

仙女老師的女兒安安是腦性麻痺的孩子，正因有這樣先天的缺陷，所以安安在學校遇到了很多不公平的對待和霸凌，也連帶影響仙女老師對待安安的態度。她在二〇一六

TEDxTaipei是這樣說的：「第二個故事的主角是安安，安安是個腦性麻痺的孩子，大家有想過腦性麻痺的孩子幾歲會放手走路嗎？我們來看看安安學走路的畫面……安安十二歲了，他還不會放手走路，他現在坐在台下聽他媽媽的演講。安安幼稚園的時候，公立幼稚園因為他是腦性麻痺而拒收。這是典型對身心障礙者的歧視，因為學校都不願意接納這樣子的孩子。」正因這樣的缺陷帶來的困難，才更讓仙女老師之後從學生身上得到的轉變顯得彌足珍貴。

凸顯張力的關鍵——對手

「不管你擁有多少資源，永遠把對手想得強大一點。」——馬雲

所有的經典故事，幾乎都有對手的存在。舉幾個最常見的例子：

蝙蝠俠／小丑
復仇者聯盟／薩諾斯
甄環／年世蘭
劉備／曹操
孔明／周瑜
小紅帽／大野狼
阿拉丁／賈方
邱吉爾／希特勒

正因有對手的存在，才能夠激發我們的潛能，磨礪我們的心志，創造出更多痛苦和困難。當然，在現實生活中，充滿這樣戲劇性的對手並不常見，但是無論是同事或是老闆，都還是可能成為充滿戲劇張力的對手。

有一次，在一個說故事比賽當中，怡嘉說了一個關於她過去老闆的故事，她是這樣說的：「我親愛的老闆每份公文或簽稿，都要改個五、六次以上。我是手腳很快，馬上改完又送進去，然後又再度被改。我當時心想：你要不要一次改完啊？想法老是改來改去，三心二意的。他一下子要將『之』改成『的』，一下又將『的』改成『之』。還有標點符號也是，一下逗號、句號、分號，還有驚歎號。當時的我，心裡不知罵他多少次，覺得他好討厭、好囉唆。」是不是很不討喜的老闆典型？但是，在之後的故事當中，怡嘉才說到她之後回想，她現在行政工作會這麼成功，多半都是來自當時老闆的指導。當時機車的老闆，成了一輩子的貴人。透過這樣「本來是對手，後來變成貴人」的對比，凸顯出情緒的起伏和心境的轉折。

貼近現實的素材——衝突

這幾年聽了很多故事，「衝突」是大家在故事中段處最常用的轉折。夫妻之間的衝突、家人之間的衝突、理想與現實之間的衝突、自己內心之間的糾葛與衝突……現實社會中我們每天幾乎都會遇到衝突，因此從衝突中尋找好故事是比較容易的。

我在 TEDxTaipei 的舞台上說的故事核心正是關於衝突，來看看我是怎麼鋪陳我內心的糾葛：「急診室的主治醫師跟我說，我父親是腦出血，很危急，但因為他年紀很大了，神經外科的醫師還在評估要不要手術。隨後，他轉向我媽媽，問她：『伯母，伯父的狀況可能有生命危險，但因為他八十歲了我必須要問你，如果病情有變化，你有跟伯父討論過要不要接受心肺復甦術，就是插管、電擊那些事情嗎？』我母親淚眼汪汪，一付六神無主的樣子，轉過來看我：『你說呢？』

那一刻我記得很清楚，急診室很吵，隔壁床的病人正在急救，心跳監視器逼逼逼逼得聲音不斷傳過來，還夾雜著護理師大叫的聲音……當時，我做了一個至今仍然後悔的決定，我跟我媽說：『媽，我不知道，你決定吧』。我是一個安寧緩和醫療醫師耶！我每天的工作就是問末期病人，要選擇什麼樣的醫療，但是當今天主角變成了自己最親的人，我反而不敢做決定，還把責任推給別人。我很難原諒自己。」

身為安寧緩和專科醫師的我，面對父親生死關頭的急救選擇，仍舊沒辦法做決定，還把這個責任推給媽媽，這中間是很大的衝突。正因這樣的衝突，台下觀眾會把自己帶入：「連他這麼有經驗的醫師都沒辦法做決定，那如果是我的家人遇到同樣的狀況我怎麼辦？」因此就一步一步地愈來愈專心聽下去。

高潮迭起的要點──困難

有時候，除了衝突之外，主角做的理想與抱負會讓他面對到很大的困難和挑戰。比方說，阿姆斯壯的夢想是登陸月球，這是一個困難度極高的挑戰，中間充滿了重重阻礙。

「魔戒」中的魔戒遠征軍歷經了重重關卡，依舊被打得七零八落，這也是困難與挑戰。

我的學生房仲業務小志，是這樣在故事中敘述他面對的困難：「還記得有次拜訪收費區中一位老闆時，老闆知道我博士畢業後，他說：『小志，你是不是頭殼壞掉了呀？讀到博士，跑去賣房子，如果要賣房子高中畢業就可以了，真的是浪費社會資源呀！』大學同學、研究所學長姐也都非常地冷漠，甚至開玩笑說：『如果要去做房仲，當初幹嘛要這麼認真寫論文？』被潑了許多冷水。」

這是年輕人追求理想時常見遇到的困難，小志用非常細膩寫實的口吻說出來，當場就讓大家感同身受。正因如此，當小志後來娓娓道來他是如何挺住這些酸言酸語，成就出自己在房仲業的一片天空後，我們更能感受到他的成就有多麼不容易。

因此，故事不是只有轉折就沒有了，最後的收尾才是大家期待的結局。接下來我們會談到故事如何結束。親愛的朋友，決定了故事主角、時間地點、志向和目標之後，你的故事會遇到那些缺陷、對手、衝突與困難呢？寫下來，你會發現你的故事高潮迭起！

故事轉折的四個方式：

1 缺陷─豐富內容的要素
2 對手─凸顯張力的關鍵
3 衝突─貼近現實的素材
4 困難─高潮迭起的要點

05 合：故事有開始，就有結束

完整結尾讓故事圓滿落幕

故事的結尾非常重要，特別是在前面轉折已經鋪陳好的狀況下，如果沒有說出結局，聽眾會有一種悵然若失的感覺。

故事有開頭，有中段，當然要有一個結尾。你一定會想，這不是廢話嗎？但是，很多人做不到這一點。

好的開頭與轉折，更令人期待結尾

敬和是我們醫學院的學弟，一年多前，他突然敲我，說他要去報名一個醫學院學生說故事的比賽，請我幫他看他的練習。我一邊驚訝著現在竟然醫學院學生也要培養說故事的能力，一邊暗自讚嘆他的認真與努力。

兩週後，我跟敬和約在一間咖啡館見面，他練習說出他的故事。原來他要講一個他去跑馬拉松勵志的故事。故事一開始，他這麼說：「我很喜歡運動。從小我就是運動健將，什麼運動都難不倒我。例如：田徑、網球、手球等等。但唯一我不喜歡的運動就是跑步，因為我不覺得那有什麼挑戰。直到二〇一五年六月某一天，一個我很仰慕的學長跟我說『跑步很難的，不信你去試試看！』我才開始了跑步的旅程。」我心裡想，這小子不錯，他直接破題沒有廢話。也有說明時間地點做「定錨」的效果，讓聽眾知道故事的時空背景。主角就是「我」，自己當主角是最吸引人的故事，很好！

接下來，他說到故事的重頭戲，第一次參加馬拉松的經驗：「槍聲響起，選手們奮力往前跑。我吸兩口氣，吐一口氣地調節自己呼吸節奏，跟著大家跑。記得我看到前方第一個牌子 5KM 的時候，開心得覺得好簡單喔！之後沿途經過美麗的峽谷、陡峭的山路，我已經喘得沒心情欣賞風景。汗水讓我整個胸前的衣服都濕透了，雙腳重得跟兩塊大石頭一樣，心臟好像快要不會跳了。怎麼辦？好想停下來。頓時，我內心的聲音又再次告訴我要堅持下去……停了，前面的努力就白費了……。」我心裡想，嗯，學弟真的很厲害，故事非常有畫面，栩栩如生。不僅如此，這裡的轉折也凸顯出馬拉松的困難，還有他心境的衝突，真不錯！

結尾收束要清楚，讓故事完整落幕

正準備想要聽最精彩的高潮和結局時，沒想到敬和在這裡話鋒一轉：「其實，我覺得跑馬拉松跟當醫生一樣。我們一路歷經艱苦的訓練，都是在磨練我們的心智。希望大家也能用跑馬拉松的心情，面對自己的醫學生涯。與大家共勉，謝謝！」說完後，敬和興味盎然看著我：「怎麼樣？學長？還可以嗎？」我有點被他的結局嚇到，遲遲說不上話。就問他說：「那你最後到底有沒有跑完？」

「當然有阿！我最後使盡吃奶的力氣把它跑完，完成了人生第一個全馬。」他滿臉得意地說。

「那跑到終點的時候，發生什麼事？」我問。

敬和說：「那個時候真的好感動喔！最後五公里，我真的已經想要放棄了。但是路旁漸漸出現了加油的人群，雖然他們不認識我，還是一直揮手跟我大喊著『加油啊！只剩一點點了！不要放棄啊！加油加油！』我被他們激勵了，於是繼續向前跑。最後，我通過終點，五小時四十五分。我看到我太太抱著女兒在終點等我。我們三人抱在一起，好久、好久……。」

「這麼好的結尾，你怎麼不說呢？」我嘆一口氣。

故事的結尾非常重要，因為如果沒有結尾，聽眾會覺得怎麼突然沒有了？然後呢？後來發生什麼事？特別是在前面轉折已經鋪陳好的狀況下，更增添了聽眾的期待心理「好想知道後來怎麼了？」這時，如果沒有說出結局，聽眾會有一種悵然若失的感覺。

結尾，要怎麼說？有三個方向：克服、感動、學習，以下一一舉例說明。

賦予轉折更大的意義——克服

前面的轉折處描述了很多的困難，那如何克服這些困難的過程就會成為故事的高潮結局。比方說剛剛敬和提到他最後克服疲累完成馬拉松的過程，正是如此。或是，我們之前提過的隔壁老王練琴的故事，也可以幫他改一個更好的結局：

「過了幾個禮拜，我發現，老王的琴音一點都沒有進步，甚至愈來愈難聽，音跟音之間都連不起來。有一天我碰到他，跟他說『老王，最近練琴練得怎麼樣？』他說『唉！我老是抓不到訣竅，好想放棄。』我本來想叫他放棄，沒想到我竟然脫口說：『不要放棄啊！我認識一個同事在兼任鋼琴家教，要不要介紹你認識？』老王點點頭。幾個月後，老王的琴藝愈來愈好。上個月，老王去參加社區的鋼琴比賽，最後竟然打敗好多厲害的小朋友，得到第三名。我站在後面看著他接下獎牌，也看到他的鋼琴老師，我的同事，偷偷擦眼淚。」

有了克服困難的過程，才讓前面的困難更有意義。

情緒收束更令人回味——感動

有時候，前面轉折的地方不是困難，而是衝突。這個時候，結局可以敘述化解衝突之後，感動的地方在哪裡。

《登月先鋒》電影的故事結局就同時擁有了克服與感動。當然我們都知道阿姆斯壯登上了月球，克服了無數難關。在他登上月球的那一刻，觀眾都因為月球的美而屏息。只是，導演並不把故事停在那裡。最後一幕，剛剛回到地球的阿姆斯壯必須要接受隔離檢查好幾天，他隔著玻璃窗，看著在外頭等候室的太太，二人無語，但是又有好多話想說。最後，兩個人都同時把手伸向對方，卻只能碰觸到冰冷的玻璃。

電影就在這個畫面結束，正因前面交代了許多太太對阿姆斯壯不顧身家性命，執意登上月球非常不諒解也不理解，才有了最後這一段相聚的感動。

悲傷的故事也能正面結尾——學習

又有的時候，我們根本無法完全克服故事中提到的難關，甚至沒有好的結局。難道這樣的故事就不能說出來嗎？當然不是的。這樣的故事，最後我們必須說出，我們在這個故事中學習到的是什麼。

仙女老師在TEDxTaipei的故事，最後她這麼說：「一直到我遇到了凱安，我在學校跟凱安說：『凱安，慢慢來，我等你。』回到家我練習跟安安說：『安安，慢慢來，媽媽等你。』姊姊對安安也愈來愈有耐心了，我發現家長帶頭做，孩子看著看著才會一起做。」一言簡意賅地說明了整個故事對自己最大的學習，同時又具有克服和感動，是非常高段的結尾方法。

而我在TED說父親生病的故事，最後也讓我有所學習：「父親和我當時面對的困境，其實每天都在發生。我曾經看過，一個八十歲中風昏迷不醒的阿嬤，他的子女們為了決定要不要幫他拔管，爭執、埋怨、哭泣、互推責任，而在這樣的不確定之中，治療阿嬤的醫師很難和家屬有好的醫病關係，就在這樣的不確定之中，許多醫療資源就這樣被消耗掉。

如果我的父親，和中風的阿嬤，都曾經做過「預立醫療決定」，事先決定在人生最後的道路上，想要接受什麼樣的醫療，那麼以上的那些畫面，都會被更理性地面對。」

儘管父親生病，並不是一件令人開心的事情，但是在這樣的人生經驗之中，我們還是可以有很多的學習機會，並把這樣的學習經驗分享出去。對不幸的故事來說，也許是一個最好的結局。

親愛的朋友，決定了故事的缺陷、對手、衝突與困難之後，最後你的故事會有怎麼樣的克服、感動和學習？寫下來，你會發現你的故事完整了！

故事結尾的三個收束方向：

1 克服—賦予轉折更大的意義
2 感動—情緒收束更令人回味
3 學習—悲傷的故事也能正面結尾

06 連：將我的故事轉化為你的行動

使用技巧讓故事留下漣漪

說自己的故事很容易感動人，但是，能否「連結」到聽故事的人的經驗，則是擴大故事影響力最關鍵的技巧。

上一篇提到故事的結尾應該如何說會更動人，但是，一個啟發人的故事，絕不只是到這裡就結束了。

結尾完整，感染聽眾會更好

我們再看一次敬和跑全馬的故事，假設他聽了我的建議，這樣說：「那個時候真的好感動喔！最後五公里，我真的已經想要放棄了。但是路旁漸漸出現了加油的人群，雖然他們不認識我，還是一直揮手跟我大喊著『加油啊！只剩一點點了！不要放棄阿！加油加油！』我被他們激勵了，於是繼續向前跑。最後，我通過終點，五小時四十五分。我看到我的太太，抱著女兒在終點等我。我們三人抱在一起，好久、好久……以上，就是我完成全馬的故事，謝謝大家。」

感覺如何？好像還不錯，但似乎少了點什麼。這時台下的聽眾可能會想：「阿不就好棒棒？」或是「嗯，很棒，然後呢？」或是「這個故事跟我有什麼關係？」說自己的故事很容易感動人，但是，能否把我們的故事「連結」到聽故事的人的經驗，則是有沒有辦法能擴大故事影響力最關鍵的技巧。

使用連結，有很多方式，對於初學者來說，可以直接使用下面兩個金句：

「故事說到這裡，我想跟大家說……。」

「這個故事告訴我們的是……。」

當講完故事「合」的部分之後，使用這二個句子之一，自然而然就會連結到聽眾和故事的意義。而如果要更進階，要怎麼做更好的連結？有三個技巧：了解聽眾、擷取意義、使用問句，接下來就為大家介紹說明。

產生連結的第一步──了解聽眾

認識你的聽眾，是做好故事連結的第一步，我們也可以用 5W1H 來記憶。舉例來說，說故事之前，應該都要想想以下幾個問題：

Who「今天來聽故事的人是誰？」

When／Where「他們在什麼時空背景下來聽故事？」

Why「他們為什麼要來聽故事？」

What「他們關心的事情是什麼？」

How「聽完故事，他們要如何把所學運用在生活中？」

了解這些，自然就可以做好連結。

Vivi是一個打扮時髦、穿著光鮮亮麗的保險業務經理，有一次，在公司舉辦的說故事比賽中，她對著台下三十位頂尖業務經理這麼說：「外派到北京的那三年，錢領得多，北京也是一個不會讓你無聊的大城市。但是你知道我每三個月都要掉一次眼淚嗎？每三個月我回台灣休假陪家人，休假結束，要離開台灣的時候，我先生和兩個女兒送我到機場。我的女兒一個五歲一個三歲，她們總是會在海關前面，一直哭、一直哭，不願讓我離開。

甚至，等我進了海關，她們會站在玻璃前面，一邊望著我，一邊拍著玻璃，說：『媽媽不要走，媽媽不要走。』我別過頭去，直直往檢查站走，不敢讓他們看到我滿臉都是淚水的樣子。」說到這裡，她眼中噙著淚水，快要哽咽了，但她繼續說：「故事說到這裡，我想跟大家說，我知道我們都是太熱愛工作的一群人，我知道我們都是老闆說什麼指令就會馬上去辦的人，但我想提醒大家，不要忘記，我們最重要的客戶，其實是我們的家人、我們的孩子。把我們最核心的客戶顧好，我們才有心力去照顧更多的客戶，不是嗎？」

她說到這裡，我看到台下好多女性同仁都用面紙拭淚。這是一個故事加上連結可以打到台下觀眾最好的示範。

同一故事不同呼籲——擷取意義

一個故事，會有很多的素材，很多的內容，也正因如此，一個故事可以根據不同的聽眾族群，擷取不同的意義出來。有一次，我到一個基金會做「預防跌倒」的衛教演講，台下幾乎都是上了年紀、白髮蒼蒼的高齡者。演講的最後，我用我在TED說的故事來結尾：

「二〇一三年五月，某天清晨，我接到一通媽媽打來的電話，說爸爸早上在家運動的時候，突然聽見咚一聲，我爸跌倒頭撞到地上，之後就倒地不起不省人事了。我說：『媽你趕緊叫救護車！』然後趕緊打電話請同事幫忙我當天早上的工作，跑到台中榮總急診室。到了急診室，發現我爸是被放在急救室那一區，所謂急救室就是最重症、最危急的病人才會被安排到那裡。急診室的主治醫師跟我說，我父親是腦出血，很危急……。」

我把當時的情境，還有父親後來因為腦出血而失智，日常生活無法自理需要我跟媽媽二十四小時照顧的畫面說出來。台下老人家們無不皺著眉，甚至有人偷偷掉眼淚，似乎可以感受到我父親，還有全家人的辛苦。

最後，我這麼做連結：「我父親的故事告訴我們，『跌倒』真的是老年人失能最重要的危險因子，只要上了年紀，我們每一個人都是跌倒的候選人。而『預防跌倒』不僅可以救你自己一命，也同時可以減輕家人後續很多照顧的負擔，我覺得是每一個中高齡者都一定要做的事。其實它很簡單，只要照著剛剛講過的三個祕訣，我相信大家一定都能遠離跌倒、樂活人生。謝謝大家！」說完，台下報以熱烈掌聲。

有沒有發現？同樣是父親跌倒的故事，在TED的舞台是希望大家要提早做「預立醫療決定」，避免人生最後一哩路讓自己和家人痛苦。在這個演講卻搖身一變成為「預防跌倒」的警醒故事，讓聽眾認識跌倒的重要性。同一個故事，擷取不同的意義作連結，就可以導入不同的結論和行動。

引起觀眾的反思——使用問句

二〇一九年憲福年會，我的簡報教練，同時也是好朋友的福哥，在台上分享他如何在各方面都達到頂尖的技術與祕訣，演講的尾聲，他開始說他成為潛水長的經過：「大家都知道，我除了是簡報教練，還是合格潛水長，我現在每隔幾個月就會去墾丁潛水，享受海洋的自由和美好。你一定以為，我天生就會潛水，很喜歡水，對嗎？不是的！」說完，他放了一段兩年前他第一次下水的影片。

影片中的他，在水下約五米處，正接受教練「面鏡排水」的指導。只見福哥試了排水幾次，就比出「上去！」還有「吸不到氣！」的手勢，教練毫不遲疑就帶他回到水面上。

吸不到氣，福哥嚇死了。教練問他一句話：「福哥，你還要下水嗎？」他遲疑很久，跟教練點點頭。兩年之後，他成為潛水教練。說完這段經歷，他看著全場一百多位夥伴，這麼說：「可是我想問你，你在第一次嚇到之後，會不會再下去一次？當你在生活中遇到了問題，會不會想馬上把問題處理掉？還是直接轉身離開逃避呢？為什麼我最後還是決定要下去？因為我不想留下遺憾啊！」說到這裡，台下鴉雀無聲，每個人都想到了自己，想到自己面對問題的方式。

福哥使用了一連串問句。在故事說完之後，直接使用問句來挑戰聽眾，也是一個非常好的連結方式，因為一旦問了，聽眾心裡就會試圖回答，並且不自覺地跟剛剛的故事做連結。

兩個金句、三個技巧，只要好好使用，你會發現故事的魔法，從自己轉到聽眾身上了。而連結最重要的目的，就是引發行動。下一段，我們來談談行動之於故事的力量。

讓故事和觀眾產生連結的兩個金句與三個技巧：

「故事說到這裡，我想跟大家說……。」

「這個故事告訴我們的是……。」

1 了解聽眾──產生連結的第一步

2 擷取意義──同一故事不同呼籲

3 使用問句──引起觀眾的反思

07

動：行動才能引發故事的力量

記住口訣說出有影響力的故事

行動，決定了故事的影響力，然而，創造一個好的行動不容易，記住一個口訣：「二不二要」。

二〇一六年 TEDxTaipei 在松菸文創園區舉辦，當天有十幾位重量級人士上台演講。面對滿場的五百位觀眾，每一個講者都使出渾身解數。而在所有演講之中，仙女老師得到了最長的掌聲。她講完後站在台上，只聽到呼喊、加油聲綿綿不絕，仙女老師不停地鞠躬，她的眼中泛著淚光。

喚起行動，決定故事的影響力

讓我們來看看仙女老師在故事的最後說了什麼：「一直到我遇到了凱安，我在學校跟凱安說：『凱安，慢慢來，我等你。』回到家我練習跟安安說：『安安，慢慢來，媽媽等你。』姊姊對安安也愈來愈有耐心了，我發現家長帶頭做，孩子看著看著才會一起做。未來凱安、安安和其他的身心障礙孩子，他們都會走出家庭，或許有一天你會在捷運上、電梯裡，或是在職場上遇到他們，我都很誠懇地希望您可以跟他們說：『慢慢來，我等你。』這樣不只溫暖了一個孩子的心，也安了父母的心，同時也避免了『霸凌』的發生。謝謝大家！」

「慢慢來，我等你。」是不是很簡潔動人的一個行動呢？如果，仙女老師不是這樣收尾，而是改成這樣：「我跟大家說，霸凌絕對是我們學校裡面最可怕，也是殘害孩子幼小心靈的罪魁禍首。我們一定要拒絕霸凌，面對那些不公不義的事情，我們一定要教我們的孩子勇敢說不，讓他們重新找到失落已久的笑容，讓他們能夠展翅高飛，無憂無慮。拒絕霸凌，勇敢說不，明天會更好。謝謝大家！」看出差別了嗎？這裡沒有具體的行動，都是口號。

行動，決定了故事的影響力，能不能在觀眾聽完故事離場之後，繼續發酵壯大。但是要在故事之後創造一個好的行動也不容易，我給大家一個口訣：「二不二要」，有兩件事一定不要做，而做了另外兩件事會更好。

第一不——不要充滿口號

二〇一七年，在一間國內知名科技業說故事比賽的現場，阿銘走上台說了七分鐘故事。最後，他這麼說：「我真的很幸運，可以加入 XXX 科技這個大家庭。這裡給了我豐富的土壤，豐厚的養分，讓我可以無後顧之憂地放手去飛。希望大家，也能夠體會公司的用心，我們一起努力，打造更好的環境，迎接更好的未來。我相信，我們一定能夠在經濟不景氣的大環境之中，創造屬於我們的小確幸。我是阿銘，謝謝大家！」

看似熱血澎湃，但台下沒給太多反應。阿銘黯然下台。好像有很多行動，但其實都是空泛的口號，這是非常危險的。

第一，大家很不喜歡太高調，一直講口號反而會讓人覺得高高在上。

第二，太空泛的行動，會讓觀眾不知道要怎麼執行，船過水無痕，聽完之後就沒有迴響了。

第二不——行動不能太難

我的朋友妮妮跟仙女老師一樣，都非常關心霸凌這個議題。有一次她要去演講，請我幫她看她的故事。她講到那些小朋友被虐待的故事，愈說愈激動，最後她這麼收尾：

「就在幾天前，三峽區晚間發生虐童案，一名四歲女童被母親男友毆打，傷勢非常嚴重，送醫前不治。我真的很痛恨，為什麼這些事情在二〇一七年還會繼續發生。霸凌和兒虐，真的是國家幼苗的殺手。我希望大家，如果你發現鄰居的小孩真的怪怪的，請不要客氣，直接打電話到警察局檢舉。讓那些不法之徒得到應有的制裁。謝謝大家！」

台下依然是稀落的掌聲，反應不大。為什麼？因為行動對大家來說太難了，光是要看出鄰居小孩怪怪的就很不容易了，更何況是拿起電話打到警察局！行動若是太難，大家也無法在生活中實踐。要怎麼調整？請記得二要：**行動要具體簡單、複雜行動要條列。**

第一要——行動要具體簡單

在搭電梯、進捷運的時候對身心障礙孩子說出：「慢慢來，我等你。」就是一個非常具體簡單的行動，每個人都可以做，我自己也常常把這句話掛在嘴邊上。同樣是講霸凌和兒虐的議題，我曾經聽過一個保險業的學員小怡，她這麼給大家行動的建議：

「在座的各位大多已身為人父母或者即將為人父母，我想拜託大家兩件事情，一多一少。多，多給予關心，這份關心不應該只是關心自己的孩子，我們應該也要教導孩子去關心他的同學，去注意到微小的細節，給予遭受暴力威脅的孩子理解、接納與關懷。少，減少言語暴力，我們可能都說過這句話『如果你不乖，我就把你怎麼樣』其實這對孩子也是一種無形的虐待，只是我們沒有察覺而已。把這類的言語改以正面表述，比方說『我希望你能聽話，你做得到嗎？』，承諾自己減少言語的暴力。」

她說完之後，現場響起熱烈的掌聲。多給予關心，減少言語暴力，是不是每個人、每個家長都可以做到的，簡單又具體的行動呢？

第二要——複雜行動要條列

當然，有些故事背後的議題比較深入，不是這麼簡單就可以做出行動。比方說，要在身體健康的時候事先規畫「預立醫療決定」，就是一件相對複雜的行動。來看看我在TEDxTaipei的演講最後怎麼說：

「各位朋友，預立醫療決定，現在就可以做。我們都可以開始做以下三件事情：想、說、動。想一想，自己生命最後的醫療決定，會是什麼？說一說，把這個想法和最愛的家人及醫師討論；動一動腳到醫院索取，或是動一動手指上網下載安寧緩和意願書，把想法寫下來。我相信你會發現，預立醫療決定，我們真正預立的，是對自己和家人，滿滿的愛。生命，自己作主。醫療決定，為愛而立。謝謝大家。」

有發現嗎？把複雜行動條列化，不僅可以增加記憶點，同時也讓聽眾更知道要怎麼去實踐我們想要推廣的理念。以後想到預立醫療決定，只要記得「想、說、動」就好，是不是比一長串的法律、規定、條文簡單多了呢？最後，如果你還是對於「連結、行動」這邊的轉折卡卡的，再送大家兩句金句。當連結做完，準備進到故事最後的行動，我們可以這樣說：

「我想拜託大家兩件事……。」

「如果你也可以……。」

這兩句金句選一句來用，相信你的故事會讓聽眾充滿行動的力量！親愛的朋友，做好故事與聽眾的連結之後，最後你的故事可以帶給聽眾什麼樣行動的準則？寫下來，故事發揮真正力量的時刻就會來臨！

兩句金句加上「二不二要」，說一個有影響力的故事：

「我想拜託大家兩件事……。」

「如果你也可以……。」

1 不要充滿口號

2 行動不能太難

3 行動要具體簡單

4 複雜行動要條列

Chapter 3
故事畫面力

01 如何帶領觀眾進入故事情境

善用技巧讓觀眾不出戲

巧妙運用三種方式說故事，讓觀眾可以一路緊跟著講者的節奏與情緒，沈浸在搭建好的故事氛圍裡。

十一月底，佩玲特意回到學校請我幫她修演講稿。一個月後，她要參加公司內部辦的「表達力大賽」。講母親如何在重男輕女的家庭中，含辛茹苦帶大她們四姊妹的故事。

情緒扎根，才能投入故事氛圍

我對佩玲提出了邀請：「先來對高二的學弟妹講講如何？」她花了七分鐘把故事從頭到尾講了一次，學弟妹都說：「學姐好會講喔！我差一點就哭出來了。」

佩玲問我：「仙女，你怎麼沒有哭？不夠感動嗎？」

我回答她：「台風佳，口條順。但我的情緒才剛進到故事裡，還來不及扎根，又被你帶出故事外了。」

我給了她三個建議，讓觀眾可以一路緊跟著她的節奏與情緒，沈浸在她搭建好的故事氛圍裡。

善用情境音調和情緒

佩玲提到小學四年級暑假，她陪媽媽頂著三十七、八度的高溫在毫無遮蔽物的路邊發傳單，烈日下來來去去的人很多，願意拿傳單的人屈指可數，她很不喜歡那些路過的行人，尤其是那些人頭也不抬地連看她一眼都覺得多餘。媽媽幫她帶了童軍椅，要她去騎樓下休息，她臭著臉看著那些面無表情的大人們。騎樓下的攤販就屬賣叭噗的阿水伯對她最好。講著講著她的情緒瀕臨潰堤，肢體跟著抽慉，用字遣詞亂了章法，過多的私隱超出觀眾所能負荷，彷彿要傾倒出所有昔日的委屈。

為了調和她的情緒，我請她在演講中加入「叭噗」懷舊的聲音，阿水伯三球十元的叭噗，沒有冰淇淋時髦的包裝，讓佩玲講著講著臉上流露出淡淡的微笑。學生們聽到「叭噗」的聲音都覺得新奇有趣，佩玲**無可取代的回憶**，**成了觀眾演講中的記憶點**。故事裡講到醫院加入儀器的「嗶嗶」聲；講到台灣的古早味加入賣麻糬的小攤車「扣、扣、扣」規律的節奏聲；講到學校第二節的長下課直接嵌入國民健康操，適時地加入情境音能夠引領觀眾融入當時的氛圍中。

設計提問增強共鳴

佩玲的母親是個任勞任怨的媽媽，深怕洗衣機沒法把衣服洗乾淨，送完四個孩子上學後，在陽台坐在小板凳上一件件手洗孩子們的衣服，一、兩個小時下來，媽媽彎下的身子常會因為起身而有一陣極微小酸疼的哀號。她為母親長期在家中不受重視而感到不值。佩玲說得再多都像是抱怨，忿忿不平，觀眾會覺得這不過就是一個為人子女的為母親叫屈，怎麼樣能讓觀眾跟著佩玲發出這樣的不平之鳴呢？

我建議佩玲停下來問觀眾一個問題，這其實是佩玲心裡多年來一直想問的：「媽媽到底做錯了什麼？」這是一段空白的時間，佩玲往前走了一步，她聽到台下的觀眾回答她：「沒有」、「嫁錯了人」、「好慘喔」……有些觀眾在心裡默默地回答她，佩玲母親活脫脫的像我們周遭好朋友的母親，激起了觀眾渴望幫她發聲的慨嘆。

調整語速強化張力

佩玲講到父母親爭吵時，嘶吼著喉嚨，一股腦兒把父親氣憤時的激動，連珠砲似地罵了出來：「生女兒有什麼用？你看看你的肚子一點也不爭氣，小妹到現在都已經生兩個兒子了，你現在生四個都是女兒，你要我怎麼跟列祖列宗交待？當初真不知道怎麼會娶到你！」現場非常安靜，盡是佩玲高聲罵人的音量，語速快到觀眾來不及聽清楚她的內容，甚至有幾個學生嫌惡地皺起了眉頭。

我建議佩玲把語速放慢，慢慢講，慢到能一個字一個字地講清楚。父親這些尖銳的話不只傷害了青春期的佩玲姊妹，也傷痛了佩玲媽媽的心，同時也會狠狠地敲在在場的每個人的心上，留下記號，那些曾經是我們成長回憶中不可避免的男尊女卑的議題。

通常講故事用一般的語速來講，但**講到故事的高潮或希望觀眾能夠聚焦的情節時，必須刻意把語速放慢，讓觀眾隨著講者的呼吸一步步走入情境當中。**

昨天，佩玲跟我說她在「表達力大賽」傑出的表現，贏得了副總對她的讚譽，副總第一次跟她說的話就是：「你的故事說得很好。你的媽媽很了不起。」她在心裡高興了好久、好久。

帶領觀眾進入情境的三種方法：

1 善用情境音調和情緒
2 設計提問增強共鳴
3 調整語速強化張力

02

如何使用時間軸說故事

點明時間帶觀眾入戲

時間軸可以帶領觀眾直接走到故事的入口，幫助觀眾及早進入故事情境，愈短的故事，時間軸愈需要早點出現。

最近因為課程需要，我聽了許多的故事。這些故事在講者的生命中都佔有一席之地，刻苦自勵的童年、創業艱辛的挑戰、親人辭世的傷痛，隨著講者的情緒起伏，一幕幕的畫面擬真地攤開在我們眼前，身為聽眾的我會想，這樣的經歷發生在什麼時候？講者又是經過了多少時間，才能鼓起勇氣面對這樣的過往？

標舉故事的時間

我在TEDxTaipei年會上以「反霸凌」為主題說了親身經歷的故事。我是這麼說的：「一〇三學年度，特教組問我：『余老師，身心障礙學生凱安安置在你的班上好不好？』我記得這個日子，雖然我豪氣地應允，心裡卻極度沒自信，我根本不知道怎麼樣帶這樣的學生，不能只把他晾在一旁，要能有實際的作為，講得白一點就是要有方法，當時的我一籌莫展。

一〇三學年度是時間軸，我教學生涯的分水嶺，向來帶普通班駕輕就熟的我，從這一天開始，要在融合教育上下功夫。回頭想想如果那一年我稍加遲疑或膽怯拒接會不會有其他的改變呢？

故事訂下時間軸的三個好處

1**串起與觀眾的連結**：就講者而言，能迅速地拉近與觀眾的距離，就能幫助觀眾及早進入故事情境。時間軸可以帶領觀眾直接走到故事的入口，愈短的故事，時間軸愈需要早點出現。

以我在TEDxTaipei的演說為例，當觀眾聽到一〇三學年度，身為老師的觀眾會回想當年任教的班級與學生；身為家長的觀眾會回想當年自己孩子的老師對孩子的付出；多數的觀眾會先在腦海中加加減減算出自己在線性時間中的位置，回想當時的自己是什麼模樣，做了哪些事。與講者站在同一時空聽故事。時間軸的出現成為台上與台下內心連結的橋樑。

2**見證講者的轉變**：很多時候我們對講者並不熟悉，時間軸有助於我們了解講者的背景，還原講者之所以改變的歷程。

Mark是個超級業務員，認識他之前我一直覺得超級業務員就是舌燦蓮花、個性外向。直到一個難得的機會，我聽到Mark說到他打死不退、永不放棄的業務精神，與他大學時期參加籃球校隊有著極大的關聯。一九九〇年，Mark在女多男少的國貿系組了史上第一支籃球隊，每週至少兩天全員集合的練習，球隊中沒有長人，經常被蓋火鍋，身為隊長的他肩負起所有訓練工作，針對每一個球員的優勢集訓，凝聚球員的向心力，自掏腰包在運動後請大家吃冰，冰店就是他們沙盤推演的根據地。在他的帶領下，在一片不被看好的聲浪中，國貿系前所未有地拿下了亞軍的佳績。Mark說：「這二十六年來，推廣業務就跟打籃球一樣，只要不放棄就有翻身的一天。」

3 **撫平傷痛的良藥**：很多人認為傷痛會隨著時間而遞減，其實不然。放在心裡愈久愈不忍掀開那千瘡百孔，只要身邊有類似的狀況就會顧影自憐，再痛一次，迸裂了傷口。傾訴就像清創，直接處理傷口，移除壞死的組織與異物，說故事重回歷史的時間點有助於傷口癒合。

十六歲的小芳在二〇一〇年跟著佛家師父去印度布施。九月傍晚，已有涼意，她不自覺地把折起的襯衫長袖放了下來，四周早是人龍，放眼所及盡是拿著鍋碗瓢盆來領白米的民眾。一個看起來七歲的小女孩，穿著一件長版衛生衣背心，手上沒有任何的器具。師父在小女孩的衣服上倒了兩大杓的白米，小女孩喜孜孜地捧著衣服上的白米離開時，被自己的腳絆倒了，米撒落一地。小芳說她從來沒跟別人說過這個故事，她很心疼這小女孩，這讓她想起小學放學後就得跟和外婆出外拾荒的歲月，記憶裡她不只封存了撿到嶄新洋娃娃的喜悅，更是隱藏起對外婆的思念，她不想讓別人因為她清貧的家境而輕視她。

小女孩讓小芳想到七歲的自己，可信度極高。倘若小芳說的是四歲的她，這故事就會顯得牽強而不夠真實，四歲的記憶多是成人所賦予的。小芳說：「我現在知道自己七歲那年有多幸福了，至少有阿嬤陪著我，不至於像這小女孩這麼孤單。」

如果你最近剛好要說一個故事，試著加上時間軸，你會發現當你說完故事之後，身邊的人會跟你說：「怎麼這麼巧，那一年我也……。」接下來，就換你聽別人的故事了。

使用時間軸說故事的三個好處：

1 串起與觀眾的連結
2 見證講者的轉變
3 撫平傷痛的良藥

03

如何用觀眾有感覺的語言說故事

實例挑選讓故事更有感

適當挑選比喻、用詞，愈貼近日常生活，愈能引起觀眾的共鳴；不當的比喻則會讓人覺得華而不實，不夠真誠。

說故事的目的就是希望觀眾能聽進去我們說的話，聽了能夠引起共鳴，愈能避免觀眾在聽的過程中卡關，愈能夠讓觀眾因為我們的故事而產生行動與改變。

回想童年時光，樸實貼近人心

豔陽高照的午後，我們幾個好久不見的朋友聊到近況，說著最近的生活，明明突然冒出一句：「你們知道嗎？我們家社區都住著有錢人。」一講到錢大家眼睛都亮了，不約而同地問：「是多有錢？」

明明說：「他們上下班都賓士車代步耶！」

一旁的阿龍大笑了起來：「你對有錢的定義就是賓士車代步而已喔！」

明明直覺地點了頭：「我小學的時候，我們家經濟狀況很好，我用的每一支鉛筆都是日本貨唷！我爸最喜歡的車就是賓士，他每次都說賓士圓環內的立體三星標誌非常有質感。那時候我爸假日就開他的銀色賓士載著我跟妹妹到河濱公園散步，晚上再去士林夜市吃東西，我爸都會買『青蛙下蛋』給我和妹妹，一人一杯，冰冰涼涼的就是過癮，我爸還會帶我們去吃蚵仔煎和花枝羹。

國中時，我爸公司被朋友倒債，家道中落，車也換了，我爸也鬱鬱寡歡好多年，我就想如果我有能力的話，我要自己買一部賓士，換我帶我爸出去玩，換我帶他去士林夜市走走，那是我們共同的回憶，我們一家人最快樂的時候。」

話一說完，明明仰起頭，雙手向上舉，眼睛晶亮，他所謂的開賓士有錢人生活其實是對小學時期的回憶。

徵才說明會，誇大不夠真誠

明明說的有錢人的生活讓我想到，前一陣子我看到一場徵才說明會，台上講者的意氣風發讓我感覺飄飄然，少了真實感。

三十出頭歲，梳著油頭，穿著整套深藍色西裝，打著黃色領帶，尖頭皮鞋的業務員一開口就問：「大家想過比爾蓋茲有多少財富嗎？」這開場的提問讓現場變得熱絡，台下眾聲喧嘩。

業務員繼續說：「我剛畢業的時候，什麼也沒有，來到了現在這間公司，我們公司的獎金制度比其他公司好得多了，如果大家照著我的方法銷售，差不多五年的時間，大家都可以跟比爾蓋茲一樣。」

聽到這樣的人生故事，我的職業病又犯了「他的方法可行性有多高？」「他知道比爾蓋茲的財富有多少？」

具體比喻，讓觀眾更能理解

微軟創辦人比爾蓋茲身價高達九百四十億美元（約二點九兆新台幣），這樣的數字過於龐大，大到一般人反而無法想像。知名天體物理學家泰森（Neil Degrasse Tyson）用了一個簡單的「撿錢理論」，讓人一窺站在全球金字塔財富頂端的滋味。於是以自己為例：在有房、有車、有穩定工作的情況下，如果在地上看到一美分（Penny，約零點三分新台幣）或五美分（Nickel，約一點五元新台幣）硬幣，他根本懶得彎腰拾起，十美分（Dime，約三元新台幣）硬幣的話，如果不趕時間，他會考慮撿起來，二十五美分（Quater，約八元新台幣）硬幣則肯定不放過。這跟我們滿相像的，一元不屑一顧，十元可能會掙扎一下，一百元的話就把腰彎下來了。

泰森替「一分鐘幾百萬上下」的蓋茲來推算，多少錢以下是根本不值得他浪費時間停下來撿？答案是四點五萬美元。換句話說，金額在大約新台幣一百四十萬元以下的錢掉在地上，對蓋茲來說，直接無視走過，把錢留給別人去撿，也不會覺得可惜。

我看著業務員一身的行頭，看著他鼓勵大家加入會員，向他買保養品，這樣不到五年就能跟比爾蓋茲一樣？是他小看了比爾蓋茲的財富？還是產品利潤驚人？不當的比喻會讓人覺得華而不實，不夠真誠。

語言讓觀眾有感覺的三個重要條件

願景先行，滿足渴望：當我們形容很有錢、很特別，觀眾也許不是這麼了解我們所要表達的意涵，可以先把我們的願景讓觀眾明白，就像明明的賓士車象徵的是對於小學時期生活的嚮往，那是一段與父親共有的回憶，而不是豪奢的生活。

要能馬上有感，不需要轉譯：比爾蓋茲財富身價高達九百四十億美元，這實在很難讓一般人有感覺，聽完之後只覺得「喔！好有錢。」沒有過多的情緒。這種感覺就跟我們去吃飯，吃太飽之後，超過負荷就很難引起享受美食的樂趣是同樣的道理。如果換成「金額在大約新台幣一百四十萬元以下的錢掉在地上，對蓋茲來說，直接無視走過，把錢留給別人去撿，也不會覺得可惜。」觀眾就能馬上連結：「天啊！其實一百元我就會撿起來了。」這樣的念頭，也就成功達到讓觀眾有感的目的了。

端出對照，刷出存在感：當單一數據出現，可以加上另外一個數字對照。這讓我想起了我曾經看過的旅遊節目，主持人驚訝地介紹日本青森縣的一個果園：「這裡蘋果的產量是十噸，產量很多耶！」十噸已經超過我腦容量的想像，對我而言跟一百公斤都一樣是產量很多。

主持人可以怎麼讓觀眾有感覺呢？他可以這麼說：「在日本，富士蘋果是無比暢銷的。有了兩組數字的對照，觀眾的感受也更深刻了。青森縣是最為知名的蘋果種植區。

每年大約九十萬噸的日本蘋果總產量中，有五十萬噸來自青森縣。原來青森的五分之一的蘋果來自這個果園。」

用觀眾有感覺的語言說故事的三種方法：

1 願景先行，滿足渴望
2 要能馬上有感，不需要轉譯
3 端出對照，刷出存在感

04

如何讓觀眾感受到如在目前

勾勒畫面拉近與觀眾的距離

故事力是拉近距離的超能力，說出一個畫面感十足的故事，也能讓觀眾感覺與講者更親近，更容易進入故事。

言簡意賅固然是好，但過於抽象、空泛的敘述，容易讓聽眾一頭霧水，練習仔細說明畫面，陳述差異性，甚至帶入個人體驗，更能讓聽眾擁有如在目前的感受。

抽象敘述，聽眾不易明白

紹暐，人很直率也很真誠，說話簡潔有力不拖泥帶水，請他推薦一部院線片，他會說：「很好看，快去看，沒去看的話，你會後悔。」再細問他這部電影哪裡好看？他又會說：「就是很好看啊！快去看。」「我跟你擔保一定好看的。」如果問他跟其他電影相較哪一部好看？他會說：「都很好看。不同特色，各有各的好，沒去看的話你會後悔。」我們幾個朋友以為他不想劇透，也就不好再多跟他問什麼。久而久之才知道這就是他說話的風格，說話點到為止，話說了就好，別人領會到什麼並不重要。

另外，紹暐相當地有時間觀念，週一到週五，都會提早二十分鐘出門買「在地第一豆漿」，他會特意跟穿著紅色圍裙胖胖的阿姨買，我問他為什麼一定要跟這位阿姨買？他說：「我就是喜歡跟阿姨買。」我不以為然地說：「這有什麼了不起的嗎？這有什麼稀奇的呢？不過就是個人的偏好。」紹暐不時強調「我跟你們說，是紅色圍裙阿姨把豆漿變好喝了。」他一直形容感覺，過於抽象。我問他：「到底是有多好喝，你可以形容給我聽嗎？」

他一貫回答我：「你自己去喝喝看就知道了。」

十月份，我去了一趟「在地第一豆漿」，我私訊給紹暐，很不愉快的經驗。我有一肚子的氣，就用他慣用的方式回覆他，就「感覺很差啦！」「很不OK啦。」，我甚至不耐煩地回他：「聽你講話都不準啦。」紹暐狐疑地要我解釋，我耐著性子描述給不在現場的他聽。

清楚描述畫面——說出看到的

週日上午我到了「在地第一豆漿」，點了兩碗鹹豆漿、一套燒餅油條和三個蘿蔔絲餅外帶，擔心會灑出來，我把這份早餐供奉在副駕駛座上，旁邊還放著我到郵局領的便利箱，宛若堅固的堡壘守護著我的早餐。

一下車，右手順手拎起塑膠袋，塑膠袋裡的鹹豆漿旁邊都是溢出來汁液，我以為是我沒拿好，才把碗調整一下灑出來的更多了，才發現鹹豆漿的碗壓根沒蓋好，車上都是豆漿的味道。車上又剛巧沒了衛生紙，弄得我手髒髒黏黏的，我手忙腳亂地把早餐放在地上，搭電梯回家拿抹布下來擦座椅。回到家，實在懶得打理豆漿，順手就放在水槽裡，燒餅油條和三個蘿蔔絲餅也都濕答答的，看了也沒心情吃。

紹暐趕忙跟我解釋：「哎呀！我確定你不是跟紅衣圍裙的阿姨買的。因為阿姨都會大手先把杯蓋蓋妥，再用五指確定杯蓋有沒有確實蓋好，用布將杯緣擦了一遍，搖了搖杯子，確定豆漿不會灑出來，才會把東西乾乾淨淨地交給客人。」一直到他說出這一段，我才發現他不是惜話如金，是不知道描述細節的重要性。不知道為什麼我覺得好笑笑了出來，突然想「測試」他，我接著說：「我是不會再去那家店了。」紹暐趕緊接著說下去。

比較日常所見——說出差異化

紹暐說：「這裡只賣熱豆漿，不賣冰豆漿。你仔細看只有紅衣圍裙的阿姨會把杯子細細地擦乾淨，最主要的是她星期一到五的擦布邊角各是用紅、橙、黃、綠、藍不同顏色，同時桌上都有兩條擦布交替使用，而且她一有空就去洗，即使是高級的餐廳我也沒看過有人這麼仔細處理抹布的。說真的，我們經常外食，這些年都不知道吃進去多少髒東西了。」

紹暐透過這幾年的外食經驗，說出了關鍵的差異，這差異不只迥異於家裡用餐的習慣，也與其他餐廳呈現明顯對比。

帶入自身經驗──說出個性化

紹暐說：「你們都以為買早餐是生活中稀鬆平常的事情，但對我來說卻是意義非凡。我是雙魚座A型，就跟星座書上寫的一樣，雙魚座想得很多、很敏感，我們辦公室的同事經常說我很情緒化，我這個人很容易受情緒影響，所以，我就想既然這樣的話，每天早餐看到紅衣圍裙的阿姨能讓我心情大好，就乾脆去跟她買早餐好了。這就是我堅持提早出門買早餐的原因，我不知道你們相不相信，我說的都是真的。

感受是很個人的情緒反應，就像本能，每個人遇到的狀況不同，所產生的行為也不盡相同。紹暐很容易受外在環境的影響多愁善感，當他內心煩亂，光要平撫心情就要一、兩個鐘頭，事情也做不好，他找到讓自己在一大早擁有好心情的方法，也透過畫面描述強化了溝通能力，朋友們都說紹暐變得好相處了，故事力是良性溝通的超能力。

讓觀眾感受到如在目前的三個方法：

1 說出看到的─清楚描述畫面
2 說出差異化─比較日常所見
3 說出個性化─帶入自身經驗

05 如何說出有溫度的故事

角色型塑讓故事更有溫度

不管主角是知名人物還是市井小民，在說故事的人心裡都是有份量的，都應該被觀眾記住，名字就是最好的標籤。

剛畢業的瑋宸，告訴我他在公司的狀況：「我剛退伍就到業務部門工作，裡面全部都是大我至少二十歲的阿姨們，他們都把我當兒子看，對我很好，就是那種非常、非常好。」聽了半天，我還是不知道是有多麼的好？我的故事魂上身，我想引導瑋宸把感受到的好說出來，一個社會新鮮人初出茅廬倍受前輩照顧的好故事。

先觀察再描述

我問瑋宸：「阿姨們對你都很好？」

瑋宸跟我說：「都滿好的啊！」

我再問瑋宸：「阿姨們對你好在哪？」

瑋宸跟我說：「阿姨們買午餐會問我要不要一份？如果有客戶打電話來詢問，阿姨會把這些客戶先留給我，下雨天還會跟我說騎車小心。」
我又問瑋宸：「朋友們不是也這樣對你嗎？阿姨這樣有什麼特別的？」
瑋宸跟我說：「那不一樣，職場上很多時候，老鳥都會欺負新人，像我同學他們公司如果有客戶打電話來詢價，老鳥都會自己留下來，才不會給新人機會，我同學自己開發的業務有時候就不小心就變成別人的業績了。這還不打緊，便當都是我同學訂，大家覺得老是吃同一家，還會從外面拿菜單要我同學訂。我很珍惜阿姨對我的好，我媽常常說我命很好，我姐姐的第一份工作也是跟我同學一樣，新人幫老鳥做事是天經地義的。」
我接著問瑋宸：「阿姨們是有多少位阿姨？」
瑋宸說：「也沒有啦！就兩個阿姨而已。只是平常我都叫她們阿姨，只要我一叫阿姨，他們就會一起回頭，笑嘻嘻地跟我說：『少年耶！』你在叫我們哪一個？」
我問瑋宸：「阿姨們只會叫你『少年耶！』嗎？」
瑋宸：「對啊！公司裡我最菜，大家只要聽到『少年耶！』就知道是在叫我了，甚至有些同事乾脆也跟著阿姨叫我『少年耶！』。」
我再問瑋宸：「阿姨們叫你『少年耶！』你怎麼區分她們兩個人？」
瑋宸：「都是阿姨啊！」我：「他們兩個有什麼不同之處？」
瑋宸：「別人都叫她們彩雲姐和劉媽。」
最後我問瑋宸：「彩雲姐和劉媽有什麼不一樣？」
瑋宸：「彩雲姐人比較海派，買飲料，從來不跟我拿錢，她說我還年輕，要我把錢存起來娶老婆；劉媽只要有電子產品不會用，就會叫我去幫她，說我很聰明，又乖，比她兒子還像她兒子。」

細細感受，塑造有溫度的故事人物

我跟瑋宸說：「你現在跟我說你這份新工作的心得。」

瑋宸恍然大悟地問我：「仙女，你該不是要我說故事吧！」

我兩手一攤，要他把剛才那些線索組織一下，說個有溫度的故事。

我問瑋宸：「彩雲姐和劉媽有什麼不一樣？」

瑋宸：「我姐跟我同學都說，職場上，老鳥會欺負新人。我媽說我命很好，遇到了很棒的主管，一個是彩雲姐，一個是劉媽。彩雲姐人比較海派，常常買飲料請我喝，她叫我把錢存起來娶老婆；劉媽說我很聰明、很乖，比她兒子還像她兒子，因為她的3C用品都是我幫她處理的。遇到好主管，上班心情好，學得快又好；遇到壞主管，上班心情差，一天到晚想離職。我以後也要當一個體貼的主管。」

瑋宸說完之後，突然看著我大笑：「仙女，你剛才問我阿姨哪裡好？我發現你教會我怎麼把她們的好說出來了耶！你真的是仙女耶！」

塑造人物形象的三個重點

1 **稱號是標籤**：不管主角是知名人物還是市井小民，在說故事的人心裡都是有分量的，都應該被觀眾記住，而不是阿姨長阿姨短，路邊阿姨何其多，但彩雲姐和劉媽就是不同於一般的阿姨，他們是不欺生的職場大姐頭。

2 **事件的描述**：「好」是感受性的問題。彩雲姐人比較海派，請瑋宸喝飲料，要他存老婆本，這是疼惜年輕人賺錢不易；劉媽誇瑋宸比兒子還像兒子，是把瑋宸疼到心裡。這是把瑋宸當家人的無私。瑋宸把個人主觀的意見變成了多數人客觀的評論。

3 **客觀的對比**：瑋宸同學的公司老鳥會搶新人的客戶，瑋宸姊姊的公司老鳥也不給新人機會，彩雲姐和劉媽打破了通則，這兩個人對瑋宸的好就被放大了。

三個月之後，在一次讀書會，我遇到瑋宸，他很興奮地跑過來叫我，他說：「仙女，自從你跟我說彩雲姐和劉媽不是一般的阿姨，我就不叫她們阿姨了，我跟別人一樣稱呼她們彩雲姐和劉媽，感覺變得好親近，真的像自己的親阿姨一樣，難怪你以前跟我們說，**名字是最好的標籤，稱呼別人就是尊重。現在我懂了，這就是溫度。**」

塑造人物的三個重點：

1 稱號是標籤
2 事件的描述
3 客觀的對比

06 如何使用簡報為故事加分

三技巧讓投影片成為助攻利器

說故事為了讓表達更加流暢，通常並不建議使用投影片，因此在簡報的使用上，更要特別注意幾個重點。

國際扶輪三五一〇地區（高雄、屏東、台東）第二十屆地區年會，改變了過往單一名人專題演講的模式，改由 TEDxTaipei 策展團隊邀請三位 TEDx 講者分享動人有深度的短講。而我有幸與朱為民醫師、陳美麗老師在策展人邱孟漢先生縝密的規劃下，合力完成一趟讓故事發揮魔法的旅程。

大會今年的主題是「Make a Difference」，一千五百位扶輪社員，三位講者各進行十二分鐘短講，雙螢幕寬敞的場地。再度戴上 TED 專屬的耳麥，我依舊主講「教育」議題，說了兩個身心障礙者的故事。

專題演講一結束，好幾位扶輪社員很興奮地跟我們說：「我每年都來參加年會，今年的專題演講是最安靜的，大家都很認真地聽，你們的故事都說得很好。」

照片發聲，讓觀眾如臨現場

去年我們全家到華山文創園區看卡通人物的展覽。艷陽高照，從華山外圍走到展覽地點，陽光直射得難受，安安牽著我的手滿身是汗，頻頻說：「媽媽，還有多久？媽媽，我走不動了啦！」

一到排隊處，我心想完蛋了，展覽最後一天果然人滿為患。入口處的人龍靜止不動，顯然展場內已經水洩不通。我詢問了入口處別著識別證的工作人員：「請問身心障礙者可以優先進入嗎？」

工作人員要我等一等，轉身走到展場裡，隨即出來了一個似乎可以決定我們能否優先進入穿黑色T恤的工作人員，她看了看拄著拐杖屈膝的安安，回頭對我說：「媽媽，不行喔！你看外面這些人都排了這麼久，你可以讓小孩在這邊樓梯坐著，你去排隊，等輪到你時你再帶小孩進去。」

「這邊的人都排了很久囉！先讓你進去對他們來說並不公平。」

我反應了太陽很大，樓梯並無遮蔽物，身心障礙者沒有多餘的體力可以在太陽下等候太久。她說了不只十次「媽媽我可以了解你的感受。但這邊的人都排了很久囉！先讓你進去對他們來說並不公平。」

簡報中絡繹不絕的購票民眾照片，傳遞的是身為兩位身心障礙者的母親渴望孩子能以有限體力看展覽的心情。

影像揭謎，帶來不同感官衝擊

幾年前，我們全家到中山堂聽了場席地而坐的親子音樂會。演奏者與大朋友、小朋友的互動非常好，和樂融融。

音樂會結束後，開放觀眾與表演者合影，許多家長與小朋友紛紛衝向前跟演奏家們合照，平平、安安因為音樂會的歡樂氣氛趨向前也跟著排隊。音樂家注意到了我們，指引我們往前站，對著排在最前頭的家長們說：「請禮讓不方便的孩子不便久候。」音樂家不只琴藝過人，擅長帶動現場氣氛，還重視弱勢、關懷弱勢，更是以身作則，就像我在TED演講上說過的：「大人帶頭做，孩子看著看著才會做」。

我還記得那天走往停車場的路上，平平很輕鬆地說：「媽媽，那個老師人好好喔！我們動作這麼慢，他還等我們耶！」那一年，平平九歲，她感受到那位老師對於弱勢族群的重視。大家知道這是哪一位音樂大師嗎？觀眾們定睛在螢幕上，心裡臆測著開獎的那一刻是不是他們認識的音樂家？螢幕上這才出現大提琴家〇〇〇老師與平平、安安的合照。（〇〇〇老師是誰？解答在文末。）

凸顯關鍵字，發揮呼籲作用

記得我幫身心障礙學生凱安出段考考卷的時候，也有學生跟我說：「仙女，你都幫凱安出一份考卷，可以也幫我出一份嗎？」我回答他：「如果你願意過著和凱安一樣的人生，我可以幫你出十份。」學生靦腆地搖搖頭，裝可愛地跳著跳著離開了辦公室。安安的物理治療老師說過：「一般人覺得很短的路程，安安得花比常人多二十倍的力氣才能走到。」**與其對弱勢者講公平，毋寧對弱勢者講人權，在他們願意走到戶外的時候多一點友善與體貼，這就是尊重了。**

這場演講是以我自身的經歷讓大家了解弱勢族群所需要的協助，只談體諒，人人可從自身發揮影響力，友善弱勢族群。

結尾頁出現一行大字，期許大家「做個有溫度的人」。主持人孟漢說：「TED 演講完，依慣例全體觀眾都會起身鼓掌對講者致意，南台灣肯定也是如此熱情。」那一刻我覺得天將降大任於斯人，無非希望我們用生命來影響更多的生命。

巧用簡報為說故事加分

說故事為了讓表達更加流暢，通常並不建議使用最多投影片，因此在簡報的使用上，必須注意三個小技巧，才能為故事加分。

1 **大圖會說話**：用滿版圖片說故事。大排長龍的畫面、安安屈膝的腳，避免講者與觀眾想像的落差。

2 **關鍵字句強化**：「做個有溫度的人」只要觀眾記得這句話，至少會在遇到身心障礙者時成為行動的力量，時時傳遞溫暖協助弱勢。

3 **懸宕技巧的轉化**：在音樂家照片出現前的所有故事鋪陳都會讓觀眾產生期待心

理，一直要到揭開謎底的那一刻才能出現音樂家張正傑老師的合照。

下次說故事需要搭配投影片，都可以這麼試試看喔！

三個技巧，用簡報為說故事加分：

1 大圖會說話

2 關鍵字句強化

3 懸宕技巧的轉化

07

哀傷的故事該怎麼說

拿捏力道注意觀眾的情緒負荷

故事愈是悲傷愈需要含蓄蘊藉，愈要留給觀眾沈澱的餘裕。講述哀傷故事時，要記得憂愁而不悲傷，情感抒發但有節制。

說故事還真的不是件困難的事情，人人都會說故事。但是，說故事只要一牽扯到比賽，我一定會被問到這樣的問題，「仙女老師，是不是一定要講到讓大家哭，才能得到前三名？」應該這麼說，那些讓觀眾真情流露流下眼淚的故事，要不是大家曾經經歷過，要不就是大家無法承受的。前者的眼淚慨嘆人生際遇何其相似，主講人講出我們口未能言的心聲；後者的眼淚是同理他人的苦難，讚嘆主講人跨越重重險阻的堅毅不拔。哭，簡而言之是紛亂情緒的逃生梯。

情緒潰堤，觀眾也承受不住

在一次企業內訓中，美娟一上台第一句話告訴我們：「這是個既真實又讓人難過的故事」。這樣的宣告方式就像校正器在每個存疑的情境中將觀眾拉回現實，同時也為自己的情緒控制預先做妥善的準備。透明玻璃外艷陽高照，教室裡一片死寂，學員們有默契地試圖淡化低迷得不能再低的沈鬱，想喝水不好意思拿水杯，想移動久坐的臀部又怕椅子轉動發出聲響，美娟用盡力氣卻讓教室裡無比尷尬。

印象中美娟是這麼說的：「我媽媽是童養媳，從小在家裡就沒有地位，外面的人看到家裡人這麼對她，自然也不給她好臉色，穿的衣服是鄰居給的舊衣，一天要幫家裡煮三餐，煮得不好吃外公外婆就是一陣毒打，皮開肉綻是常有的事。家裡其他的人對她，也是比照辦理，反正在這個家庭裡就是個典型的弱肉強食的小型社會。」

美娟吸了兩口氣，嘶吼了起來：「不只如此，媽媽晚上也不得安寧，總會有人趁著她熟睡時爬上她的床，摀著她的嘴撫摸她的胸部和私處，整個家族把她當成了洩欲的工具。早期的台灣社會欺凌這樣的弱女子，有些人會在鄉間小路上對她丟擲石頭，罵她骯髒，不檢點，媽媽長期遭歧視與騷擾……。」

美娟接續說著更多悲慘的事，怵目驚心，就像出鞘的刀，刀刀見骨，一幕幕滲血的畫面讓我旁邊的評審停下了手中的筆，皺著眉頭。美娟邊說邊哭，整場演講將近三分之二的時間她浸泡在淚水中，泣不成聲，坐在第一排的王愷趕忙遞面紙，美娟眼瞼上還黏著白色的面紙屑，說沒兩句，又哭了幾分鐘，斷斷續續的故事就像高鐵過山洞訊號斷線，中間一段空白。我一回頭多數的觀眾眉頭深鎖，這樣的呈現方式超過觀眾情緒的負荷。

情感拿捏，才能說進觀眾的心裡

美娟下台後，反而平靜了，她說：「仙女老師，說故事真是療癒自我的好方法耶！我邊說邊發現原來我小時候輕視我媽媽有多麼的幼稚，除了哭讓我的故事講得不順之外，您還可以再給我一些建議嗎？」我問美娟：「你想聽真話還是場面話？」

她回答我：「仙女老師，我都四十幾歲的人了，有什麼不能承受的，你就直接告訴我好了，如果我能把故事說得更好，我就能幫助更多狀態不好的人，我想要幫助更多像我這樣的人能夠走出來。」

我說：「美娟，你願意上台分享勇氣十足、誠意滿分。但是，即使你已經告訴觀眾這是真實的故事，觀眾沒有預期到你故事的強度和你情緒的波動，前兩分鐘觀眾還可以忍受，時間一長，有些觀眾關上了耳朵，有些觀眾不知所措，他們對你的故事卻步，你陷溺在自己的情緒中無法抽離，反而是觀眾在想怎麼該拯救你，才不會當場讓你難堪。」

有句成語叫做「哀而不傷」，哀，是悲哀；傷，是悲傷。憂愁而不悲傷，情感抒發但有節制。愈是感性的故事愈是想打動人心，相較於用音量的大聲、狂奔的眼淚和過分擬真的字眼，建議你三個方法更能讓觀眾順著你的指示走到故事裡。

掌握關鍵，讓故事哀而不傷

1 **場景的打造**：就像電影一開始先營造氛圍，這樣對觀眾最沒有壓力，循序漸進感受到當時的時空。普遍級的場景提供進入故事的門檻，其他限制級部分讓願意深入思考的觀眾自行腦補。

美娟可以這麼說：「每到了晚上，媽媽會小心翼翼地把房門鎖上，再三確認窗戶緊閉，才敢上床。只要房間外面有個風吹草動，如小舅晚回家輕手輕腳的聲音，媽媽也聽得一清二楚；外公翻身木板床的唧唧聲讓媽媽瞬間清醒；就連大舅上廁所的沖水聲，也能讓媽媽止不住地發抖。我問媽媽：『媽媽，什麼時候才能好好休息呢？』媽媽苦笑地跟我說：『還好媽媽那時候念放牛班，老師都不管我們，只要一到學校，老師開始上課，我就不知不覺趴下睡著了。』」

與其清晰勾勒出性騷擾的畫面，藉由夜間就寢的場景讓觀眾體會媽媽的惴惴不安，淚水滑落在臉頰，也接續在血液裡流淌。

2**境遇的懸殊**：托爾斯泰曾說：「幸福的家庭一個樣，不幸的家庭千百樣。」人們很容易想像幸福的樣貌，就像甜蜜的家庭這首歌：「我的家庭真可愛，整潔美滿又安康，姐妹兄弟很和氣，父母都慈祥。」如果這是一幅畫，肯定色彩明亮。與美娟媽媽的不幸形成巨大的落差。

美娟可以這麼說：「中午打開便當，媽媽永遠是那個最早吃完飯的人，她不敢讓同學看到便當裡只有白飯和醬瓜；夏天的操場上，只有媽媽一個人穿著長袖，她不想露出手臂上曾經被外公酒醉的玻璃瓶畫下的八公分的深痕。」藉由這些與眾人不同的方式突顯出來主角處境的堪憐。

3 **情緒的控制**：水能載舟，亦能覆舟。情緒能為故事加分也能為減分。憤怒時不宜超過三分之一的時間都是高亢的語調；悲傷時的停頓不超過三十秒，時間過長會阻礙故事的開展。控制情緒並非一次上台就能到位，上台前多加練習，就像瓊瑤戲劇裡的女主角，悲傷到不能自已，眼淚不停地在眼眶打轉，在心裡深深地吸一口氣，故事就會順著淚水流進觀眾的記憶裡。

美娟後來告訴我，她母親目前在基金會當義工，協助受虐婦女。聽了大為感動，我惋惜地說：「你怎麼沒有當場講出來！母親的故事肯定能夠激勵許多人。」

美娟不好意思地回我：「就哭得太傷心了咩！情緒一來就忘記說重點啦！」**觀眾在乎的是說故事的人到底怎麼翻轉逆境**，這些才是苦難之後的養分，化作春泥更護花，正是故事價值的所在，更是作者現身說法的意義。別讓眼淚奪走你的話語權。**重點不是有多悲傷，而是如何打動觀眾**。

愈是悲傷愈需要含蓄蘊藉，愈要留給觀眾沈澱的餘裕。

幫助觀眾聽進哀傷故事的三個關鍵：

1 場景的打造
2 境遇的懸殊
3 情緒的控制

08

如何說出激勵人心的故事

用畫面讓觀眾記得故事也記得你

與其一直以勵志的話鼓舞人心，觀眾更想聽到他們曾經遇到哪些阻礙？怎麼克服逆境？才能站上成功的舞台。

第一屆全台灣前百分之五頂尖銷售高手的高峰會，邀請我擔任導師，指導這些銷售專家們說自己的故事。躬逢其盛的我格外興奮，會場熠熠星光，男生清一色西裝筆挺，女生則是成套的套裝，正式的穿著看得出他們對這次活動的重視。

流於口號，使得故事千篇一律

兩天的課程是這麼安排的，第一天白天為一百四十位頂尖業務進行說故事課程，晚上用餐後，十個小組各自帶開，小組內的十四個人各自說三分鐘故事，挑選出一名強棒，與其他九組推派出來的選手參加決賽。第二天，這十位佼佼者將對在場百餘人發表五分鐘的故事。

剛開始聽故事還挺有新鮮感的，愈聽就感覺大家的故事相似度愈來愈高，例如：

「我們一定要誠誠懇懇地拜訪客戶，客戶說什麼都有可能成為我們的目標，愈是難搞的客戶愈有可能讓我們變得更強大……。」「在我心裡沒有奧客，只有驅使我們往前的客戶，只要我們努力，沒有不會成交的案子……。」「我現在是處經理，年薪三百萬，沒有不景氣，只有不爭氣。人生沒有過不去的關卡，是你讓自己停在原點……。」愈是出類拔萃的高手愈容易忘記過程的艱辛，愈是不小心把故事簡化為結論。

頂尖業務肯定具備強大的挫折忍受力，才能面對客戶無情的拒絕，無怪乎他們是公司業績最好的一群人。與其一直以勵志的話激勵人心，觀眾更想聽到他們曾經遇過什麼樣的客戶？怎麼克服逆境？他們如何努力？產生哪些質變？才能逆轉勝站上成功的舞台。

畫面補強，讓觀眾記憶深刻

第一天晚上，永漢靠著他清晰的口條，強而有力的手勢，誠懇的態度在組內晉級。距隔天的大賽剩不到十小時的準備時間，我把我的想法告訴永漢，透過畫面讓觀眾有更多的臨場感，取代他說「我有多麼的認真。」第二天的比賽，永漢對於畫面的掌握是所有學員中最細膩的，就讓我帶著大家重回當天比賽現場。

即刻還原故事情境，讓觀眾感同身受

永漢一上台就問大家：「如果公司通知要撥 VIP 客戶給你，願意的請舉手？」只見全場學員手舉得筆直，臉上掛滿了笑容，教室最後方的幾排學員擔心永漢看不到他們，或者說是他們擔心看不到永漢，甚至激動地站了起來。我還聽到旁邊學員的對話：「好康，不要嗎？」「當然好啊！最好多多益善。」放眼所及，我看不到沒有舉手的人。我心裡想：「這就像對醫生說，病人都會乖乖地配合醫囑；就像對教練說，學員都會乖乖地按時到場練球。都是讓人心動的選項」

永漢第二個問題是：「如果公司指派你去處理別人疏遠的理賠客訴件，你願意的請舉手？」我看到有些學員迅速放下了手；也有些考慮了一下，把手抽了回來；有些依舊高舉；也有些手彎在半空中進退維谷。難搞定的客戶讓人心存疑慮。

他坦然地說：「你的疏遠件可以變成我的VIP鑽石客戶，我是平鎮副理邱永漢。」台下所有人眼睛發亮，目不轉睛地盯著台上。三十秒的自我介紹僅僅透過舉手互動就讓演說現場成為故事裡的畫面，引領觀眾走入故事情節中。經典好戲都是這麼登場的。

愈是私密的獨白，愈是要說給大家聽

三年前，永漢接到一個客訴理賠案件，接這種案件，通常吃力不討好，成功了不列入績效，疲於奔命也沒有津貼，沒有人想要去接這燙手山芋，他心裡倒是沒有太多的猶豫。

永漢這麼說：「我認為既然他是公司的客戶，既然沒有人要接這個客戶，那我就把他攬下來好了。誰知道我第一次拜訪蕭先生，蕭太太看到我劈頭就罵：『你們公司就是爛！就連收費也不來！打個電話三催四請的。』」我隔壁的學員睜大了眼用台語說：「永漢真是好心被雷親。」

永漢又說：「我心裡想，如果我不再服務，不就跟之前的業務一樣嗎？我就是公司的品牌，我就是公司的形象，我就是要翻轉蕭先生對我們公司的印象。」他講得堅定，台下聽得熱血沸騰。就連我也不例外，每次教到桀傲不馴的學生，我也會想該用什麼方法才能讓這樣的學生願意學習。

他接著說：「愈是置之不理的客戶，我愈是想征服他。我就像棺材店一樣，終有一天等到你！」永漢脫口而出棺材店，這種只能在心裡出現的神比喻，畫面感十足，效果其佳，笑聲不斷，喝采聲不絕，掌聲差點蓋過他接下來要說的話。

記憶深刻的事，要帶著觀眾重回現場

「蕭先生每次住院，我開車載他去醫院；他開刀，我買櫻桃去看他；他出院，我再開車載他回家；他化療回診我也陪他；終究不敵肝癌的摧殘，他拔管回家了。」我發現學員們聚精會神坐得直挺挺地聽永漢接下來怎麼處理蕭先生的案子。

「在安寧病房裡，我扶著蕭先生跟他說，我會盡我所能幫忙照顧他那兩個讀國小的兒子。蕭先生癌症末期，臉上因疼痛出現了猙獰的表情，原本站在門邊的其他同業業務，怕得退到了病房外。我按著蕭先生的頸動脈，直到停止跳動，醫生宣告蕭先生走了，同業依舊怕得站在病房外不敢進來。當時蕭先生的告別式影片是我剪的，火化和進塔都是我幫忙處理的。」我隔壁的學員眼光泛淚用台語說：「歡喜做，甘願受。」

永漢對於蕭先生所做的一切，讓我想起父親往生的那一段日子，全家哀痛逾恆，處理後事，身心俱疲。永漢卻為喪家考慮周延，把客戶視為家人，堅持與真心服務的故事感動了在場的每一個人。

烙印觀眾心中的，是一幕幕的畫面

從容而溫潤，氣勢強卻不壓迫，永漢打動了評審與觀眾，過關斬將得到冠軍，身為導師的我也跟著沾了光，與有榮焉。幾天後，人資跟我分享永漢的好消息：「這個月的主管會議播出永漢的五分鐘故事，期勉所有同仁像永漢一樣堅持。」恭喜永漢，用他的故事寫下新的里程碑。

運用畫面說故事的三個訣竅：

1 還原情境，讓觀眾感同身受
2 私密獨白，更是要說給大家聽
3 深刻記憶，要帶著觀眾重回現場

09

如何打造個人品牌的故事

詳加描述凸顯故事人物形象

運用故事對於人物的描述來凸顯個人品牌，慣用語及情節的鋪排，塑造人物鮮明的形象，也認聽眾留下深刻印象。

我很怕那種不斷推銷的業務，聽都還沒聽清楚他說什麼，我就會直接回答「不要」。十年前畢業的家祥來看我，現在是房仲業務，從早到晚要帶客戶去看房子，突然冒出一句話：「仙女，你有沒有想要換房子？」我側著臉看他，這讓我想到那種不斷推銷的業務，要不是家祥是我的學生，我真的很想趕緊離開。家祥高中時候，有的沒有的花樣很多，不想上課可以編出一百個理由說服我讓他請假，講得頭頭是道。課堂上的他可聽不得大道理，其他任課老師總說家祥「上課一條蟲，下課一條龍」，是個聰敏的孩子。

單刀直入，人物形象顯而易見

我們見面的咖啡廳一樓是電器行，我指了指這家店跟他說，這條路共有兩家電器行，路頭那家店佔了地利之便就在菜市場旁邊，人潮聚集，婆婆媽媽必經之地，舉凡家裡用得到的大小用品應有盡有，老闆看到客人上門，都是笑容可掬地問：「想買什麼？我可以幫你介紹。」「最近這個牌子的開飲機在日本賣得很好，要不要看一下？用過的客人都說很棒。」「這個吹風機也很棒，要不要看一下？用過的客人也都說好用。」

延長線和轉接頭這些小東西我都會到那裡去買，結完帳之後，老闆也會提醒我拿幾顆櫃台上的仙楂嘗嘗，如果好吃的話，可以跟他買，這是他弟弟的中藥店裡賣的。

家祥得意地看著我說：「仙女，我就是這樣子啊！客戶到我們門市，我馬上迎上前去招呼他們，推薦他們最近哪些地段的房子要出售。我桌上也是有很多餅乾糖果給那些帶小朋友來看房子的家長。」

情節鋪排，讓人物形象更深刻

我跟家祥說，路尾這家電器行的老闆，車禍之後腳有些不方便，我在等紅燈時觀察過，他行動與做事的速度不輸給一般人。他也會跟我打招呼：「今天天氣很好喔！」我沒跟他買過東西，就是禮貌性地回禮對他笑一笑。安安小學三年級，剛學會用單支拐杖走路，我們母女放學時興奮地買了大杯的珍珠奶茶慶祝，哪裡知道就在安安吸了一大口珍珠，要把杯子交給我的時候，一時站不穩，拐杖掉了，杯子裡的奶茶和珍珠灑得一地，正巧就在店門口，我很不好意思地猛點頭道歉，老闆說：「沒事的。小朋友有沒有怎麼樣？」「沒事的，我剛好也要清洗店門口。」

好幾次，我和安安經過店門口，老闆都會親切地跟我們打招呼：「今天天氣很好喔！」送貨員下貨時，老闆也會說：「沒事的。小心不要受傷了。」老闆經常掛在嘴上的就是「沒事的」三個字。

有一次，朋友要到我家找不到路，打電話給我，說她在一家老闆很親切的電器行。「哪一家電器行呢？」她們問路之後，老闆回應她們：「沒事的。」我再經過電器行跟老闆提及我朋友這一段故事，老闆仍舊說：「沒事的。舉手之勞。」

跟老闆熟悉之後，我才發現高手在民間。去年冬天，老闆說最近天氣很冷，有些老人凍死，小孩生病，家長都要請假在家照顧小孩。自從巷口王伯伯買了浴室的暖風扇，以前他女兒總是抱怨王伯伯冬天不洗澡，身上一股老人味，現在王伯伯待在浴室裡還捨不得出來，老闆體貼地說：「我想妳女兒行動不方便，動作比較慢，如果家裡有暖風扇的話，她洗澡也會比較暖和，小孩不生病，大人就輕鬆許多。」

我買了暖風扇，家裡一台、婆家一台、娘家也一台。總共七萬多元。家祥說：「路尾這個老闆會說故事，就比前面那個老闆只能賺仙女的延長線和轉接頭多好多錢喔！」通常我們只叫老闆，不會特別稱呼他的姓名，為什麼路尾的老闆還是能夠賣出高價的產品呢？我教家祥運用故事對於人物的描述來凸顯他的個人品牌，像路尾老闆這樣。

掌握要領，為故事人物建立形象

1 **以慣用語增加識別度**：一般業務員之所以讓人反感的原因，是因為只想賣產品：「想買什麼？我可以幫你介紹。」「最近這個牌子的開飲機在日本賣得很好，要不要看一下？用過的客人都說很棒。」

路尾的老闆經常掛在嘴裡的：「沒事的」讓人一聽就覺得溫暖，與銷售沒有直接的關係，卻在顧客心裡長期發酵，對產品有需要時自然而然會想到老闆。家祥的口頭禪或是關鍵用語是什麼呢？

2 **觀察客戶需求**：路頭的老闆就只想賣產品，路尾的老闆會觀察客戶需求，最厲害的是老闆會先說一個別人家的故事，這個人家裡跟消費者有著類似的狀況，相似的背景。

因為觸動所以購買。家祥可以細察客戶需求，再說一個曾經成交的客戶例子，建立與新客戶之間情感的連結，把客戶的事當自己的事的心情，才是打動客戶的要件，客戶才願意買單。

3 **危機是翻身的契機**：珍珠奶茶打翻，一般店家會對我們報以白眼，路尾老闆說了他剛好要刷地，這是很成功地翻轉客戶內心裡老闆的形象，是很棒的加分機會。路尾老闆用刷地來實踐他「沒事的」的口頭禪。

我要家祥記得，如果沒有成交，就是絕佳翻轉客戶對房仲業務印象的機會，可以想想看要讓客戶記得的你是什麼樣子，買賣不成，仁義在，情義在。像房子這麼高單價的產品，客戶會再上門的，甚至增加轉介紹的次數。

三個月之後，家祥跟我說他不會再急著跟客戶推銷產品，這讓身為老師的我感到欣慰。我問他：「你找到慣用語了嗎？」

他又回我高中時期那鬼靈精怪的表情：「有喔！客戶說他要考慮一下，我就說：『慢慢來，我等你』。」「客戶說這間房子不適合他，我就說：『慢慢來，我再幫你找』。」我們師生相視而笑。

親愛的朋友，決定了故事的主題和結構，接下來你故事中的人物有哪些慣用語、需求的觀察和翻身的契機呢？寫下來，你會發現你的故事主角充滿了生命力

運用畫面說故事的三個訣竅：

1以慣用語增加識別度

2觀察客戶需求

3危機是翻身的契機

Chapter 4

故事吸引力

01

故事與戲劇原理

運用戲劇素材發揮故事張力

戲劇就是一個故事，故事也擁有戲劇的元素和張力。要增加故事吸引力，就必須了解一些基本的表演技巧。

就讀國防醫學院醫學系三年級時，我是一個瘋狂熱愛戲劇的醫學系學生。每個週末，我會搭公車轉捷運，從昆陽站一路坐到關渡站，到台北藝術大學自費上表演和導演的推廣課程。不僅如此，因為太熱愛表演，但是學校沒有相關的社團可以參加，怎麼辦？那就自己成立一個！我突然蹦出這樣的想法，決定著手來試試看。

學校是軍校，當時總共只有約莫二十個社團，要由學生自己發起成立新社團，是很困難的事。我記得當時有長官跟我說：「不用搞到成立社團吧！學校有電影欣賞社啊！你這麼喜歡這些東西，就去參加電影欣賞社嘛！」電影欣賞社是社員人數最多的社團，因為每週社團活動時間可以看一部電影，其實也不錯，只是那不是我要的。

我先找了幾個跟我一樣對表演有熱愛的同學、學弟妹，再想辦法找到有經驗的老師。老天保佑，當時在視聽中心當兵的一位阿兵哥竟然是北藝大劇場設計系畢業的，實在是緣分。最困難的，是自己草擬簽文，打通無數層長官設下的關卡，不停地溝通協調。終於，奔走了幾個月之後，「國醫戲劇社」正式成立。

一年之後，我們把侯文詠的《白色巨塔》搬上學校大禮堂舞台，做成立社團之後的首次公演。自己改編劇本、做布景道具、化妝、找合適的音樂、學怎麼把舞台燈拆下來換色片……印象最深刻的，是我們還必須要把舞台上斗大的國父遺像拆下來，實在戰戰兢兢。

首演很成功，之後我們在同一個場地又辦了幾次不同劇目的公演。兩年之後，因為接班的學弟妹實在太優秀了，我們被邀請到牯嶺街小劇場表演，跟另外六間大學戲劇社一起舉辦劇展，並且售票演出。我根本不記得當時社裡有分到多少錢，只記得首演開始前一刻，劇場燈暗下來，觀眾窸窸窣窣發出聲音，還有我們手心微微出汗的感覺。那是年輕的滋味。

戲劇表演經驗對說故事的影響

畢業離開學校，進入醫院之後，就很少站上舞台了。一直到二〇一六年，我站上TEDxTaipei的舞台，在台上說了六分鐘關於父親生病的故事。很多人跟我說：「朱醫師你的表演好棒，你是不是常常演講？」我總是搖搖頭。我才發現，原來十多年前站上舞台表演的經驗，對後來說故事大有幫助。

故事說到這裡，我想告訴大家兩件事情：首先，人生沒有白費的經驗，所有的人生歷練都是有意義的，只是有時候我們不知道它的意義會是什麼。我們能做的，就是把每一個當下過好，認真做每一件正在做的事，不要把時間白白浪費，從中學習經驗，也許就有機會在未來的某一天頓悟：「啊！原來那時候做這個是因為這樣！」；另外，說故事，其實也是一種表演，它跟戲劇原理有非常緊密的結合。

從戲劇原理延伸到故事張力

讓我們來看看，什麼是戲劇原理：

一部戲劇，是設計由演員在舞台上，當著觀眾表演的一個故事（註）。

這句話有很多關鍵詞：戲劇、設計、演員、舞台、觀眾、表演、故事。這些元素，從說故事的角度來闡述，你會發現，戲劇和故事是一體的。

1 **設計**：說故事通常不是即興上台就說的，一個好故事，通常是精心設計的許多段落和結構，就像前面所提到的「開、起、轉、合、連、動」一樣。

2 **演員**：說故事的人是一個演員，厲害的故事人，可以自在地穿梭在各種角色之間。有時候他是旁觀者，有時候他可以跳進去故事變成裡面的一個人物，有時候又可以再轉換成另一個人物……絕對不只是單純說故事而已。

3 **舞台**：不論是在現場對著幾百人說故事，或是在家中房間裡對小娃兒說故事，都是在一個空間裡頭說。因為有空間，就有對於空間的運用，比方說走位或移動。在比較大的空間，因為有些觀眾很遠，為了加強故事的力道，就需要使用手勢。這些都是舞台的概念。

4 **觀眾：**說故事通常不會是自己對自己說，而是面對一個人、好幾個人、甚至一群人。說故事的人必須要知道觀眾是誰，他為什麼來聽故事，聽了故事之後對他會產生什麼影響。另外，有了觀眾，當然就會有互動，就必須有眼神的交流。

5 **表演：**說故事是一種表演，所以為了要真正說好故事，我們必須熟悉對自己聲音的掌握、肢體的運用，以及表情變化的認識。這些都是表演的一部分。

由此觀之，戲劇就是一個故事，故事也擁有戲劇的元素和張力。要增加故事吸引力，就必須了解一些基本的表演技巧。接下來，我們一一來聊故事吸引力的三大要素：聲音、表情、肢體。

故事與戲劇的五個共同元素：

1設計—好故事通常是精心設計的
2演員—厲害的故事人可以自由轉換各種角色
3舞台—不論空間大小，都是舞台的概念
4觀眾—故事通常不會對自己說，一定會有觀眾
5表演—說故事也是一種表演

註：（劉詩兵，二〇一五，表演藝術概論，初版）

02

如何使用聲音技巧

聲音變化讓故事更精采豐富

改變音量大小、調整音調高低、營造節奏快慢，都是我們可以控制聲音的部分，也可以讓故事變得更生動、更有張力。

一個故事要呈現在眾人的面前，有很多方式：可以用寫的成為文字，讓讀者用眼睛看到故事的起伏；可以用拍的成為影片，讓觀眾用眼睛觀察故事的畫面；可以用說的成為聲音，讓聽眾用耳朵聆聽故事的流動。

這三個途徑之中，最古老，也最有歷史的，莫過於用聲音說故事。古時候的人，不正是在星空下、營火旁，圍在一起說著上一輩人傳下來的，一個又一個的故事？因此，我們所學習的，是一種古老的技藝，千年的傳承。要用聲音說好故事，就必須對聲音的本質有所了解，才有辦法隨心所欲地掌控它。聲音的特性很多，有非常多可以鑽研的地方。今天，我們可以從仙女老師的 TED 講稿，學習聲音的運用。

第一次公開的講稿，我們來看仙女老師是如何構思一個故事的聲音：

「我是個高中老師，今天要說兩個故事。（**語氣停頓**）第一個故事發生在一〇三學年度，特教組問我：『余老師身心障礙學生凱安安置在你的班上好不好？』所謂身心障礙學生要不是肢體障礙，就是心智不成熟。唉！我想請問各位兩個問題，第一個問題是您願意您的孩子跟身心障礙學生同班的請舉手。（**停頓一秒**）謝謝大家請放下，大部分的人是願意的；第二個問題是您願意您的孩子是身心障礙者的請舉手。（**停頓一秒**）沒有人舉手，顯然這不是我們生命當中的選項（**音量降低**）。

全台灣目前約有十萬名身心障礙學生。我們一般的老師只修過特教三學分（**加重語氣**）我們根本不知道怎樣帶這樣的孩子，我想最簡單的就是把他晾在一旁不要驚動他，對他就是最好的照顧了。特教老師很嚴肅地告訴我：『余老師，如果你忽視凱安，那麼學生看著就會一起忽略凱安。』所以凱安從國小開始，同學就看他反應慢，有意無意地逗弄他覺得好玩；看他沒有反抗能力（**語調上揚**）就毆打他，這就是『霸凌』。」

看出端倪了嗎？說故事的聲音運用有三個重點：音量、音調、節奏。

營造故事氛圍的要素——音量

一個故事，一定有相對重要和不重要的情節和段落。而如何把這些段落區隔出來，靠的就是聲音的掌控。音量的控制在說故事是非常重要的一部分，我們來看看仙女老師的 TED 演講影片，在哪些段落有使用音量控制的技巧：

「（**音量降低**）沒有人舉手，顯然這不是我們生命當中的選項。

（**降低音量**）班上聊天的聲音愈來愈『小聲』。

（**降低聲音**）台上在報告的佳昕說了一句話，我那時候眼淚就掉下來了。

（**音量再度回歸**）第二個故事的主角是安安，安安是個腦性麻痺的孩子。

（**音量提高**）小學的時候，安安的學習跟不上同學的腳步，他連同學說的笑話都聽不懂，（**停頓一下、音量降低**）因為腦性麻痺，安安的腳是這個樣子。

（**音量提高**）小朋友覺得好玩，學安安這麼站，一個人學（**音量降低百分之七十五**）、兩個人學（**音量降低百分之五十、速度降慢**），一群人在旁邊笑。

（**音量回歸原本的音量**）但是這些同學總有辦法叫安安站起來。畢業典禮預演的時候，他們告訴安安（**聲音提高、速度提高、咬字用力**）我們全班都站起來，為什麼你不站起來！

（**音量降低，速度變慢**）安安就是這麼站著，一個同學學他、兩個同學學他，一群人在旁邊笑。」

音量大的時候，通常也是故事情緒高漲的時候；而音量小聲時，則有許多不同的功能。音量的大小在故事的許多面向都可以使用，讓我們整理一下：

音量大：堅定、正向、強調

音量小：懷疑、負向、期望

很多時候可以將音量放大：語氣堅定的時候，例如說演講者講述他的理念，這時可以大聲；述說到正向段落的時候，例如故事剛開始主角進入畫面的時候，可以大聲表示愉快的氣氛；需要強調故事中某個重點的時候，可以大聲一點，也就是一般所說的「重音強調」。

而如果講到一些較為陰鬱的段落時，有時講者會帶有一點點懷疑的情感，這時可以把聲音放小。遇到負面的情緒，例如哭泣、描述身心障礙者的挫折時，音量要小。故事的轉折處，需要引發觀眾對於下一階段期待的時候，也可以小聲營造期望的氣氛。

區別情緒起伏的重點——音調

同樣以仙女老師的TED演講為例，我們來看看在哪些段落有使用音調控制的技巧：

「看他沒有反抗能力（**語調上揚**）就毆打他，這就是『霸凌』。

（**語調上揚**）所以我每天國文課上課都會點凱安，他會神經緊繃、表情僵硬。

我聽到同學跟他說：『凱安，慢慢來，我等你。（**語調上揚**）』

你們知道嘉欣說的是什麼嗎？（**語氣變輕，速度變慢**）」

仙女老師多半都是使用音調上揚的效果，而較少讓音調變得低沉，這當然與演講者風格和故事內容有關。我們來整理一下音調高低會擁有的不同效果：

音調高：興奮、憤怒、女性

音調低：哀傷、焦慮、男性

若是情緒較為興奮的段落可以讓音調拉高，例如「我聽到同學跟他說：『凱安，慢慢來，我等你。』」；憤怒的時候也是一樣，例如「看他沒有反抗能力就毆打他」；再來，若是故事中出現不同角色，女性角色說話時可以讓音調拉高一點，較為凸顯。同樣的，需要強調的故事段落也可以將音調拉高，就是所謂的「**高音強調**」。相對的，感性哀傷的段落、焦慮不安的情節，或是故事中的男性說話時，可以把音調放低，營造出不同的氣氛。在適當的段落做出音調高低的變化，更能表達出故事的情感。

掌控情節張弛的要領──節奏

節奏主要有兩個部分：速度和停頓。而仙女老師的 TED 演講，在哪些段落有使用節奏控制的技巧呢？

「我是個高中老師，今天要說兩個故事。（**語氣停頓**）

佳昕說的是我這六百多天每天重複不斷說的話（**語氣拉長、速度放慢**）。你們知道嘉欣說的是甚麼嗎？（**語氣變輕、速度變慢**）佳昕說的是：『凱安，慢慢來，我等你。』安安的學習跟不上同學的腳步，他連同學說的笑話都聽不懂，（**停頓一下、音量降低**）因為腦性麻痺，安安的腳是這個樣子。

畢業典禮預演的時候他們告訴安安（**聲音提高，速度提高，咬字用力**）我們全班都站起來，為什麼你不站起來！

（**音量降低、速度變慢**）安安就是這麼站著

這麼多年我沒有辦法幫助我自己的女兒，我是一個很無助的母親。（**節奏變快**）」

整體而言，節奏快慢可以做出以下不同的區隔：

節奏快：單純敘述、情緒緊張、次要內容

節奏慢：投入情感、提供數據、主要內容

在敘述故事的鋪陳段落，只有情節沒有畫面或情緒的時候，可以讓速度走得快一點。故事角色出現緊張的情緒時，也可以適時加快速度營造緊張感；相反的，若是遇到情感很多、很滿的段落，記得節奏一定要放慢，愈慢愈好，還要加上停頓。若是需要特別讓聽眾加深印象的數據，也可以將節奏放慢，加上更多停頓。

整體而言，述說次要的故事支線可以說得快一點，說到主要的故事情節要放慢速度。速度有快有慢，才有所謂的「節奏感」，若是整個故事都用一樣的語速、一樣的停頓時間來講，就顯得較為平淡無奇了。使用聲音的三個提醒，你學會了嗎？改變音量大小、調整音調高低、營造節奏快慢，都是我們可以控制聲音的部分，也可以讓故事變得更生動、更有張力。

使用聲音技巧須注意的三個面向：

1 音量──營造故事氛圍的要素
2 音調──區別情緒起伏的重點
3 節奏──掌控情節張弛的要領

課後練習

朱為民醫師的 TED 演講，你覺得可以在哪邊加上聲音的控制與變化呢？請在括號處寫下你對於此處音量、音調和節奏的想法，寫完再看影片對照，學習更多！

大家好，我是朱為民，我是一個安寧緩和醫師，在安寧病房的七年當中，陪伴過超過五百位臨終病人和他們的家屬，走過人生最後一段旅行。

現在，請大家跟著我走進急診室，想像這時刻你有一個你最愛的人，可能是妳的另一半、爸爸、媽媽、阿公、阿嬤。你焦急地等待，這時候，急診室門一開，醫生走過來跟你說（　　　　）：「很抱歉，目前的情況，再多的醫療措施只是延後他的死亡日期，並不會減輕他的痛苦……你是否考慮拔管，讓他舒服地走？」

（　　　　）拔管，通常表示接受死亡。請問大家，在這個時刻，會覺得有點猶豫，有點掙扎，甚至不知道怎麼做的，請舉手，謝謝，請放下。儘管我是一個安寧醫師，對於臨終和死亡非常熟悉，但到了那一刻，我也跟現場的絕大多數的各位一樣，掙扎、猶豫，不知道要怎麼做！

我是家中獨生子，出生時，父親五十歲。二〇一三年，我父親八十一歲。一天早上，他在家運動的時候不慎跌倒，頭撞到地上，倒地不起，不省人事。是腦出血，很危急。急診室醫師問我媽媽：「伯母，伯父的狀況有生命危險，如果病情有變化，你要讓他接受插管、電擊那些急救治療嗎？」我母親淚眼汪汪、六神無主，轉過來問我：「你說呢？」（　　　）那一刻我記得很清楚，急診室很吵，隔壁床的病人正在急救，心跳監視器逼逼逼逼的聲音不斷傳過來……當時，我做了一個至今我仍然後悔的決定，我跟我媽說：（　　　）「媽，我不知道，你決定吧。」

（　　　）我是一個安寧緩和醫療醫師耶！我每天的工作就是問末期病人，要選擇什麼樣的醫療，但是當今天主角變成了自己最親的人，我反而不敢做決定，還把責任推給我的母親。我很難原諒自己。

我父親和我當時面對的困境，其實每天都在發生。我曾經看過，一個八十歲中風昏迷不醒的阿嬤，他的子女們為了決定要不要幫他拔管，爭執、埋怨、哭泣、互推責任；而在這樣的不確定之中，治療阿嬤的醫師很難和家屬有好的醫病關係；就在這樣的不確定之中，許多醫療資源就這樣被消耗掉。如果我的父親，和中風的阿嬤，都曾經做過「預立醫療決定」，事先決定在人生最後的道路上，想要接受什麼樣的醫療，那麼以上的那些畫面，都會被更理性地面對。

但很可惜，根據衛福部統計，目前台灣有做預立醫療決定的，（　　　）只有三十六萬人。超過百分之九十八的我們，沒有準備沒有決定。所以我跟我父親還有那位阿嬤的故事，也將會在各位身上發生，如果你還沒有做「預立醫療決定」。

我的父親，後來很幸運地康復了。有一天我下班回家，看到桌上放著兩張安寧緩和醫療意願書，上面有我爸爸、媽媽的簽名。我趕緊問我媽：「媽！是不是你最近幾個月都陪爸爸住院，看到很多接受長期照護的病人很痛苦，所以想要簽這一張？」

（　　）她眼眶含著淚水，說：「我不希望，有一天我要走了，你還要為了我受心裡的苦，我想要瀟灑地走，我只希望你過得好。」這兩張，就是我爸爸、媽媽的安寧緩和意願書。

我自己也做了預立醫療決定，在我自己的安寧緩和意願書中，我決定了，當我有一天無藥可醫，我希望可以接受舒適的醫療；當我有一天回天乏術，我不想被醫師不斷急救；當我有一天要靠呼吸器才能呼吸時，我不想過這樣的生活。我的家人，也接受了我的決定。

演講一開始你想到的那個，你最愛的人。（　　）如果她曾經跟你說過：「有一天當醫生問你的時候，請幫我拔管，因為，我愛你。」這樣，你是不是會比較有勇氣讓他離開？

各位朋友，預立醫療決定，現在就可以做。（　　）我們都可以開始做以下三件事情：想、說、動。想一想，自己生命最後的醫療決定，會是什麼？說一說，把這個想法和最愛的家人及醫師討論；動一動腳到醫院索取，或是動一動手指上網下載安寧緩和意願書，把想法寫下來。

（　　）我相信你會發現，預立醫療決定，我們真正預立的，是對自己和家人，滿滿的愛。

（　　）生命，自己作主。醫療決定，為愛而立。

一堂由老師以身作則的生命教育|余懷瑾Huai Chi Yu | TEDxTaipei

預立醫療決定為自己的生命做主 Thoughts From a Palliative Care Physician | 朱為民 Wei-Min Chu | TEDxTaipei

03

用肢體擴大故事能量

善用天生的道具增加故事渲染力

如果說故事的人呆若木雞、眼神渙散，那無論他聲音與表情運用地再好，聽眾應該也很難覺得這是一個好故事。

在二〇一六年TEDxTaipei上台前夕，那時很緊張，知名的企管講師謝文憲（憲哥）幫我安排了一場練習的機會，在一個三百人的企業講座中粉墨登場，試著對著大場面說完我六分鐘的故事。

那時的我其實演講與說故事的經驗並不多，也是我第一次面對這麼多人說話。真的很緊張，六分鐘一下就過了，台下有些人也熱淚盈眶，但是我自己卻不太滿意，覺得自己實在不在狀態之中，非常僵硬。

下台之後，同在一旁的仙女把剛剛用手機側拍的影片給我看。一看不得了，實在是……很爛啊！眼神飄忽、手勢僵硬，重點是，整個人一直抖抖抖抖，不只腳會抖，連聲音都在抖。實在覺得很丟臉，但是這次上台也給我一個非常好的契機，重新檢視自己在聲音和肢體上有哪些不足的地方。在家閉關潛心修練一個月後，才有了後來在

TED 舞台上的表現。

肢體在故事的運用上特別重要，如果一個說故事的人只是站在那邊，呆若木雞、雙手下垂、眼神渙散，一動也不動地說故事，那無論他聲音與表情運用地再好，聽眾應該也很難覺得這是一個好故事。反觀我們曾經看過的，那些很會說故事的 TED 講者、表演者、甚至是兒童頻道的故事哥哥、姊姊，常常都是手腳並用、眼神聚焦，運用好的肢體和走位加強故事的渲染力。

很難嗎？其實一點都不難，只要掌握眼神、手勢、走位三個部分，我們可以把故事的渲染力再往上提升一個層次。

與觀眾親密交流——眼神

阿偉是一個製造業的資深經理，有一回在說故事的課程中他有一個三分鐘練習的機會，但那三分鐘卻像一本打不開的童話書一般，無法讓台下的同學們有任何感動。究其原因，是因為阿偉在整個說故事的過程，眼神都持續看著他腳跟前面二十公分的地面，彷彿那裡好像有一個神祕的黑洞。儘管幾乎所有聽眾的眼睛都看著阿偉，但是他仍然無動於衷。

下課休息，我跑過去問他：「為什麼眼睛不看著觀眾呢？」

「我……我會緊張。」他有點不好意思。

「看著地面，就不緊張了嗎？」我追問。

他想了一下，回答我：「好像還是會耶！」
很多人上台都會不自覺看著地面，大家都覺得那是因為緊張的關係，其實，那只是缺乏練習。但眼神與聽眾的對焦對一個好故事來說非常重要，因為這會營造一種「我在對你說話」的親密感覺。如果沒有這種感覺，再好的故事也是枉然。

眼神的練習

眼神的練習，對比較沒有經驗的講者來說，是比較難的，需要「矯枉過正」。下一次有機會上台時，給自己一個小任務：「所有人的眼睛，我都要看到至少一次。」不斷地提醒自己，慢慢就會習慣與他人的眼神接觸這件事情。

初學者常犯的錯誤是，有記得要眼神接觸，但眼神的接觸時間太短，每一次只有一到兩秒鐘，就跳到下一個地方去了。這樣會給聽眾一種「眼神閃爍」「好像很緊張」的印象。因此，要記得每一次眼神的接觸停留時間久一點，大約是兩到三個句子的長度，然後再換下一個地方停留。

與生俱來的道具——手勢

記得二〇一五年，我剛開始嘗試說故事的時候，有機會對著十多位朋友說一個十分鐘的故事。雖然人不多，但還是一樣緊張，深怕自己表現不好。於是我請朋友把我的表現錄影下來，準備回去好好檢討改進。故事說完，我自己覺得說得不錯，故事有內容、跟聽眾有連結，我還刻意做了眼神接觸，畢竟聽眾人不多沒那麼緊張。但一回家打開電腦，把錄影拿出來看，差點沒昏倒。

「這個肢體僵硬的人是誰？是我嗎？」

我看到自己站得直挺挺的，眼神大多盯著前方，偶爾會轉頭看其他人，但兩隻腳好像被強力膠黏住了，一動也不動。看那樣子，只能用「呆若木雞」來形容。最明顯的是，我的雙手下垂，貼在大腿旁邊。因為我的手很長，手掌又很大，所以看起來超級不自然。

我們的雙手，是老天爺給我們天然的道具。如果可以善加利用，對於提升故事的穿透力，非常有幫助。

手勢的練習

手勢的練習，分成有拿麥克風（單手模式）跟沒有拿麥克風（雙手模式）兩種。雙手自然揮灑空間更大，但無論是單手或雙手，首先要記得的就是手的位置：盡可能放在腰部以上。若是自然下垂，會給聽眾一種沒有精神、無精打采的感覺。放在腰部以上的這個動作，一開始都會覺得有點卡卡的不自然，沒有關係，多練習就會適應了。如果是單手模式，則沒有拿麥克風的那隻手可以自然隨著話語揮動；若是雙手模式，則可以雙手交握至於腰部前面做基本姿勢，說到重點時再擺動手勢。

手勢練習的第二個重點，就是在重點強調的句子出現時，動作要明顯，手勢要清楚。例如說到數字：「故事說到這裡，我想請問大家兩個問題……。」這時候的手勢，應該比出「二」的動作，同時，手的位置要高，大約與眼睛同高，觀眾才看得清楚。其餘常用的手勢如「一」「○」「讚」等等，也都是運用這個技巧。

角色轉換的技巧——走位

我非常喜歡看 Netflix，特別是脫口秀，總是可以從非常知名的喜劇藝人表演中，得到很多肢體運用的靈感和想法。其中，我最喜歡的一位是 Trevor Noah，來自南非的喜劇演員。他每次上台，幾乎都是大場面，台下數百、甚至上千人的場子。仔細觀察，他從來都不會站在同一個地方，而是不斷地走動，走到一個定點，把一段故事或笑料說完，再開始走動到下一個定點。

走位有兩個主要用途：

第一，在大場面的時候，光靠我們的頭和眼神調動，仍然無法看到所有的觀眾，這時需要走位。

第二，故事裡有很多角色，而我們需要做角色變換的時候，可以利用走位和移動來讓觀眾了解現在是不同的角色在說話。

走位的練習

但是，走位也不宜一直走來走去停不下來，這樣會給觀眾一種非常煩躁不安的感覺。試著利用故事中的段落來區分，在舞台上找到兩個或三個定點，當說完一段的時候才換到下一個定點，而不是頻繁地走動。進階的講者，可以嘗試在定點與定點間的移動時，依然看著觀眾說話。慢慢說，看著觀眾說，有自信地說。漸漸地你會發現，你的表現看起來就是一個專業的講者。

運用肢體說故事的三個重點：

1 眼神—與觀眾親密交流
2 手勢—與生俱來的道具
3 走位—角色轉換的技巧

04

關於表情練習的建議

運用表情變化精準傳達情緒

很多人不知道自己的臉部表情在別人眼中是什麼樣子。你想要傳達的內容或是感受，很可能對方接受不到，甚至接收錯誤。

我不常看政治和社會新聞，但前陣子有一個新聞抓住了我的目光。那是兩年前震驚社會的小燈泡命案，高等法院於二〇一八年七月進行二審宣判，依然判兇嫌無期徒刑。我想我沒有什麼資格來討論到底該判什麼刑責。

但是後續的新聞吸引了我：高等法院的發言人，在解釋為什麼要判無期徒刑而非死刑的時候，因為臉上一直帶著笑意，被網友砲轟，說他是「冷血公僕」「無感官僚」，甚至是「魔鬼同路人」。一天之後，發言人被問到這件事，很無辜地說：「自己天生就長這樣。」這讓我想到，某次在一個企業內部說故事比賽的場景。

曉慧是一個房仲業的業務經理，短髮搭著套裝，笑容甜美，看起來非常俐落。她快步走上台，跟大家說：「我今天要說一個讓我心裡很難平復的故事。」然後，她開始敘述去年冬天，自己如何在洗澡的時候，發現了左側乳房的一個腫塊。她說著到醫院就醫，接受了一連串檢查的情形。

最後，醫師跟她說：「超音波看起來是不規則形狀的，而且你不像會是有纖維腫瘤的年紀，有機會是惡性的。我想這個狀況做粗針切片比較適合，你現在要做嗎？」曉慧說她那時聽到「有機會是惡性的」，心情跌到谷底。於是她緩緩跟醫師說：「我回去跟家人討論一下⋯⋯。」後來，還好檢查結果是良性的，曉慧才得以放心。

曉慧講完，給了我一個自信的笑容。最後成績揭曉的時候，她卻沒有進前三名，連前十名都沒有。會後，她很沮喪地來找我。

「為民醫師，我覺得我表現得不錯啊！為什麼成績不理想⋯⋯？」

「妳的表情不對。」我不加思索地回答。

曉慧在講到醫院那一段的時候，理論上那時候應該是很緊張的情緒，聽到醫生說「有機會是惡性的」，情緒理應做一個焦慮到悲傷的轉換。但是，曉慧說那一段的時候，臉上始終掛著一個淺淺的甜美笑容。

「你的笑容很美，但是不能一直用這個表情。說故事的時候，表情要搭配情緒。」我對她下一個結論。

回到高等法院的發言人，他說他「自己天生就長這樣」有錯嗎？當然沒有錯，只是，身為發言人，我認為如果他可以做到以下三點，會更好：

1 認識到自己的表情在別人眼中（或是鏡頭中）是什麼樣子

2 平時就做基本的情緒表情練習

3 **讓自己發言的內容跟自己的面部表情相契合**

這三點看起來簡單，其實是不太容易的事。

認識到自己的表情在別人眼中（或是鏡頭中）是什麼樣子

這個說起來很容易，但可能是最難的步驟，因為很多人不知道自己的臉部表情在別人眼中是什麼樣子。舉例而言，用最常見的「笑容」來說，一個人快樂的時候，理論上會笑。

但是，你真的知道你的笑，別人眼中看起來是什麼樣子嗎？會不會你覺得可能是自己很真誠地笑，但是對方看起來會是假笑？會不會你認為很燦爛地笑，但對方看起來覺得你笑得好靦腆？

事實上，這種狀況常常發生。而如果你是一個常常需要溝通的人，例如業務、演講者，甚至是說故事的人，如果這種狀況並不少見，那就問題大了，因為你想要傳達的內容或是感受，很可能對方接受不到，甚至接收錯誤。就像是發言人覺得他是很嚴肅地來說這件事情，但是媒體和社會大眾卻覺得他帶著笑意。

那要如何練習？看鏡子。

鏡子是常常需要上台說話的人最好的朋友之一，因為從鏡中可以立即看到自己看不到的表情和情緒，並馬上做出調整。洗澡的時候就是一個練習的好時機，就像電影《楚門的世界》中，男主角常常對著鏡子說話那樣的場景。當然，用相機拍照，或是用攝影機錄影也可以。

基本情緒表情練習：喜、怒、哀、驚

了解了自己的表情之後，我們接下來要讓自己的表情更精準到位。傳統理論認為，人類的基本情緒有六種：快樂、悲傷、恐懼、憤怒、驚訝、厭惡。但英國近年也有研究指出，這六種還可以更簡化為四種：喜、怒、哀、驚。所以，如果我們要精準地表達情緒，那我們至少要練習這四種基本情緒的表情。這四種表情各有一些很重要的元素，是我們在練習時需要注意的：

喜：眼睛要瞇起來、嘴角要上揚、真的開心時會搖頭晃腦

怒：眉頭要皺起來、鼻子也要皺起來、嘴角下沉

哀：嘴唇緊閉、眉頭微皺、眼角微微有淚水

驚：嘴巴張大、眼睛瞪大、眉毛抬起

如果這些表情可以搭配聲音，展現出的情緒就更完美了。

讓自己說的話和面部情緒表情相契合

知道自己的表情在別人眼中是什麼樣子，再加上精通基本情緒表情之後，接下來要做的，就是要分析自己說出的話之中隱含的情緒。

例如：高等法院的發言人要對重大案件作說明，這段話的情緒應該是嚴肅中帶有些微的悲憫。而什麼是嚴肅中帶有悲憫？是需要經常的練習才能知道，這樣的情緒如何在自己的面部表情中產生。

例如：說故事說到至醫院看診，結果非常不理想的時候。這時候的情緒應該是焦慮伴隨著哀傷。所以，講到「『有機會是惡性的』，心情跌到谷底。於是我緩緩跟醫師說：『我回去跟家人討論一下……。』」這時候的面部表情應該是嘴唇緊閉、眉頭微皺、頭低低的，才符合當下希望展現的心理狀態。只有如此，觀眾眾才能很清楚地接收到我們想傳達的情緒。只有如此，我們所說的故事，情感才會更飽滿、更深刻。

如果你不太了解自己的臉部表情，不妨現在就先走到鏡子前面喔！

關於表情練習的三個建議：

1 認識到自己的表情在別人眼中（或是鏡頭中）是什麼樣子
2 基本情緒表情練習：喜、怒、哀、驚
3 讓自己說的話和面部情緒表情相契合

05 使用實物道具說故事的技巧

實物道具是為故事助攻的利器

在說故事過程中使用實物道具，不僅僅是讓觀眾更貼近故事本身，同時增添了變化與樂趣，也大大提高真實度與信任感。

一般在說故事的時候，並不像簡報的場合，常常可以使用投影片，可以在投影片中插入照片或是影片來增加真實感。所以，口說的故事，如果可以適度地運用實物道具，便可大大地提高故事的真實度與信任感。

我在 TEDxTaipei 的舞台上就使用了實物道具。當時我講了一個關於父親生病與預立醫療決定的故事，說到後半段，我這麼說：「我的父親，很幸運他後來康復了。有一天我下班回家，看到桌上放著兩張安寧緩和醫療意願書，上面有我爸爸、媽媽的簽名。

我趕緊問我媽：『媽！是不是你最近幾個月都陪爸爸住院，看到很多接受長期照護的病人很痛苦，所以想要簽這一張？』她眼眶含著淚水，說：『我不希望，有一天我要走了，你還要為了我受心裡的苦，我想要瀟灑地走，我只希望你過得好。』這兩張，就是我爸爸媽媽的安寧緩和意願書。」

說到這裡，在舞台上的我，緩緩地從西裝外套的暗袋中，拿出兩張安寧緩和意願書，並展示給台下觀眾看。我停了一秒，彷彿台上與台下的時間暫停在那一刻。

在說故事過程中使用實物道具，不僅僅是讓觀眾更貼近故事本身，同時增添了變化與樂趣。但道具也不是隨便就能用，以下我整理使用實物道具的三個小技巧：

道具不只是道具，更要說出意義

講述一個家庭與親情的故事，拿出一張全家福照片，是非常有威力的一個舉動。但是不免有人會問：「照片這麼小，萬一場子很大，後面的人根本看不到，這樣有效嗎？」我的答案是：「絕對有的，因為道具不只是道具，隱藏在道具背後的意義，才是道具真正發揮效果所在。」看到講者拿出一張全家福照片，說著自己家人之間的故事，聽眾絕對不會想去看看照片上到底有那些人，而是會想起自己和家人的回憶，想起自己和家人也曾經拍過全家福照片，如今照片呢？這些背後的意義才是道具的關鍵。

一個故事，使用一個關鍵道具即可

很多講者覺得道具愈多愈好，愈能夠展現故事真實度，所以說故事的時候很忙！講到小時候打棒球要拿出一個棒球手套；講到長大當警察要拿出一根警棍；講到家人要拿出全家福照片；甚至講到逝去的爺爺要拿出一個骨灰罈……。在同一個故事中使用太多的道具，不僅講者無法專心說故事，聽眾也無法聚焦在故事的內容之中。因此，一個故事，在最高潮的地方使用一個關鍵道具即可發揮效果。

不只是拿出來，而是要經過設計與練習

我從西裝外套的暗袋中拿出兩張安寧緩和意願書的這個動作，大概至少練習五十遍以上。我事先將意願書折了很多不同的大小，直到確定最後的大小可以放在口袋當中，而由於一隻手要拿簡報器，我必須以單手拿出意願書，並且使用單手把它攤開，其實是有難度的。也因此之前必須不斷地練習拿出來攤開的這個動作。假設拿出來的過程中，意願書不小心掉到地上，不僅打亂了自己的節奏，聽眾的注意力也會瞬間被打斷。最後，愈大的場子，道具要拿得愈高，盡量讓所有人都能看的到。

親愛的朋友，如果你最近剛好要說一個故事，試著把實物道具加入其中，說不定會發生有趣的事。

使用實物道具說故事的三個技巧：

1 道具不只是道具，更要說出意義
2 一個故事，使用一個關鍵道具即可
3 不只是拿出來，而是要經過設計與練習

06

使用音樂說故事的提醒

搭配音樂讓觀眾更有臨場感

最重要原則是：簡單的音樂就好，通常一或兩種樂器演奏出的音樂就很不錯，太複雜的音樂容易喧賓奪主。

我在 TEDxTaipei 的 open mic 決選之中，同時使用了音效和音樂。講到「那一刻我記得很清楚，急診室很吵，隔壁床的病人正在急救，心跳監視器逼逼逼逼的聲音不斷傳過來……。」的時候，聽眾就可以聽到心跳監視器逼逼逼的聲音。而故事說到了最後，講到「我的父親，很幸運他後來康復了。有一天我下班回家，看到桌上放著兩張安寧緩和醫療意願書，上面有我爸爸、媽媽的簽名。」的時候，環境中流出了由鋼琴和小提琴交織的溫暖，營造了結尾與母親對話，溫暖的感覺。後來，我也順利通過決選。

但如果問我，「說故事有音樂，一定更好嗎？」老實說，我看過太多厲害的故事人，不需要音樂，也可以把一個故事說的情感飽滿、栩栩如生。只是，我喜歡音樂，而如果找的到合適的音樂並且經過適當練習，我認為音樂對於故事是可以加分的。以下跟大家分享，使用音樂說故事的三個提醒：

找到相符的音樂

這實在是最基本，也是最重要的一件事。如果音樂無法搭配場景，那還是不要使用的好。而什麼是適當的音樂？有兩個面向：調性和意義。調性簡單來分就是開心的或是悲傷的音樂；而意義比較難一些，代表著音樂原始出現時搭配的場景。舉個例子，我常常在婚禮的場合聽到，聽起來似乎是很開心的音樂，很多是電影的配樂，但有時我就會偷偷跟旁邊的太太說：「可是這部片好像是悲劇收場耶……。」這樣在意義上來說就是不太適合的音樂。

那如何找到合適的音樂呢？最重要原則是：簡單的音樂就好，通常一或兩種樂器演奏出的音樂就很不錯。太複雜的音樂容易喧賓奪主，所以不要想說要找什麼管弦樂團氣勢比較磅礴，或甚至有人找搖滾樂來說故事。要記得，說故事的是你，聽眾是因為你才更想聽這個故事。

我最常使用的就是幾種樂器：鋼琴或是小提琴、大提琴，無論溫暖或是悲傷，營造出的氣氛都很不錯。而要去哪裡找音樂？一般來說，電影、電視劇配樂是我比較喜歡的方向，因為他們的存在本來就是為了襯托情緒。當然，每個人喜歡的音樂不同，覺得舒服就好。

擺在恰當的位置

找到音樂了，要放在故事的哪裡呢？其實都可以，可以放在開場、中間或是結尾都好，我都有嘗試過。但比較不妥當的是音樂給它催下去放整場，不僅容易讓聽眾失去新鮮感，也容易喧賓奪主。我個人的經驗，喜歡放在兩個位置：故事情感最豐富、情節最高潮的地方，或是結尾需要留下餘韻的時候。放在這兩個時機點，通常效果都很不錯。

搭配合適的練習

練習很重要，並不是每個人都習慣搭配音樂說話，所以一開始難免會有點不自在。學習配合音樂的節奏來講話，需要許多實戰的經驗。而音量的調整也非常關鍵，如果音樂太大聲或太小聲，那就失去了存在的意義。

另外，播放音樂的方式也不可以馬虎，我看過一位講者，講故事講到一半的時候，走下台去按播放鈕，這個時候全場都在等他，情緒就斷了。因此，無論是找人來播放，或是是先將音樂插入投影片中，都需要練習。

說了這麼多，我們來實際體會音樂之於故事的力量。請大家先默唸以下的故事：

「最後我想跟大家說，我真的很懷念我的阿嬤。我的阿嬤個子小小的、駝著背，因為膝蓋痛，她走路都是很慢很慢。我很想念，我總是走得很快，她在後面朝著手喊我的樣子；我很想念，她上樓梯氣喘吁吁，我在後面大喊『加油』的樣子；我很想念，她每次走到便利商店，總是堅持給我買一罐麥香奶茶的樣子……我真的很想念她，如果時光可以倒流，我想跟她說，我愛她。」

第二次，請大家搭配著這段音樂的前面兩分鐘，再唸一次，如果你有感受到不一樣，那就是音樂之於故事的力量。

搭配故事的音樂

Works IV–The Little House–Joe Hisaishi

使用音樂說故事的三個提醒：

1 找到相符的音樂
2 擺在恰當的位置
3 搭配合適的練習

07

故事讓簡報留下印象
用故事為你的簡報加分

假設你的簡報設計技巧滿分、口說演講技巧滿分，但是，如果你講的不是聽眾想聽的，或是他們沒興趣的，那就是零分！

很多時候，我們說故事的場合少不了簡報。無論是商業簡報、專業簡報或是單純搭配簡報照片，都很需要故事的魔法。

二〇一七年夏天，很榮幸接受奇美醫院陳志金主任的邀請，參與國內知名企業所辦理的Star Physician alliance（SPA）簡報研討會，擔任講師以及評審的工作。SPA的訓練目標，是希望針對台灣的年輕醫師，多半都是住院醫師、總醫師以及年輕主治醫師，及早培養4P的能力，也就是Presentation（簡報）、persuasion（說服）、Preparation（表現）、Preparation（準備）。如果一位醫師在專業能力外還能夠擁有這4P，相信對於職場的表現一定是加分的。

第一天課程經過一個月後，每個學員必須上台簡報三分鐘，並接受台下評審和其他學員的評比。三分鐘看似簡單，一下就過去了。但是如果必須用三分鐘完成一份完整的簡報，而且還要能夠讓聽眾留下印象，難度是非常非常高的！開心的是，幾乎所有學員都完美地達成任務，讓坐在台下當評審的我一直不斷地被優質的簡報驚喜與感動。只是，看過了二十幾位醫師的簡報之後，每份簡報難免會有一些差異。在過程中我一直思考，最大的差異在哪裡？這時我發現，在這麼多簡報當中，如果講者報完，台下聽眾還能記得他的大部分內容，幾乎就成功一半了。

這個聽起來不難嗎？其實很難！如果我們用心，我們有時候甚至會發現，自己在聽別人簡報的時候，明明很專心聽講者在報告，但是他上一張講什麼，已經記不得了。簡報的重點在於說服，若聽眾聽完都忘記一大半了，要如何說服他們？綜合當天優秀醫師的簡報，我歸納出讓簡報留下印象的三個技巧：

- 聽眾連結：讓聽眾覺得這個主題對他很重要
- 感官刺激：多種感官刺激手法交替運用
- 故事為王：用故事力在開頭或結尾畫龍點睛

把聽眾帶進主題裡——聽眾連結

這也許是簡報開場最重要的一件事。舉例，假設你的簡報設計技巧滿分，你的口說演講技巧滿分，你的簡報內容含金量超高滿分，但是，如果你講的不是聽眾想聽的，或是他們沒興趣的，那就是零分！所以，在演講的開場，必須適度地跟聽眾說明這個主題對他們的重要性。當日的示範講者，來自馬偕的顏嘉德醫師做了完美展示。他講的是環保議題與垃圾減量的題目，其實講環保議題的講者很多，而且台下都是醫師，為什麼要聽這個議題呢？但是在簡報一開始，他並沒有直接切入主題，而是這麼說：

「我想現在台下的醫師年齡都跟我差不多，都是已經為人父母或是準備為人父母，我想問大家，我們這一代人準備留給下一代什麼？是財富？是知識？還是一個更乾淨的環境？」簡單開場，馬上就把所有人拉進他的議題當中。

增加聽眾的臨場感——感官刺激

當每個人都是用說的來「說」簡報，這時如果可以藉由不同的感覺去吸引聽眾，例如音樂、影片、氣味、道具、甚至是帶動作，就會留下深刻印象。當天的第一名講者，來自台大的鄭人方醫師，巧妙地在描述自己忙碌的一天時，使用了「醫龍」的音樂，節奏快速再加上鄭醫師也是心臟科，很容易就讓聽眾感受到醫師一整天的高壓力生活。

這樣的技巧我在TED說故事的時候也有使用。當我說到「急診室醫師問我媽媽：『伯母，伯父的狀況有生命危險，如果病情有變化，你要讓他接受插管、電擊那些急救治療嗎？』我母親淚眼汪汪、六神無主，轉過來問我：『你說呢？』那一刻我記得很清楚，急診室很吵，隔壁床的病人正在急救，心跳監視器逼逼逼得聲音不斷傳過來……。」的時候，現場就會實際傳來心電圖逼逼逼的聲音，非常有臨場感。增加多一點感官的感受，聽眾印象就為更深刻。

為你的簡報加分——故事為王

無論是理性論述或是感性敘事，故事可以扮演著不可或缺的角色。在簡報的一開頭說一個故事，有吸睛的效果；在簡報的結尾說一個故事，通常可以加強說服的力道。來自三總的吳立偉醫師以及來自高榮的陳信佑醫師，即便他們講的主題很不一樣，無論是周全性老年評估或是溶血性尿毒症候群，但他們的共通點都是用一個故事例子開場，最後證明都收到了很棒的效果。

在簡報中使用故事的重點

1 **故事必須跟簡報主題高度相關：**這個是最重要的提醒，也是很多人常犯的錯誤。有一次在上課場合，學員說了一個樹爸爸照顧樹小弟的寓言故事，老實說故事說得挺好的，可以感受到父子之間的情感。但故事說完後，學員竟然話鋒一轉，開始說：「今天要告訴大家保護環境的重要，各位知道嗎？空氣汙染可能會在五年內來到新高峰。」當下我的臉上出現三條線。故事要跟簡報搭配得好，故事一定要跟簡報主題高度相關。

2 **故事的比例需適中：**簡報有它的功能性，通常是說服、簡介、說明。故事在其中並不是最主要的部分，而是畫龍點睛的作用，讓聽眾對於簡報的內容增加更多印象與記憶點。如果故事的篇幅超越了簡報，甚至讓講者無法把應該要闡述的理念好好講完，那就本末倒置了。

3故事最好是自己的親身經驗：無論是簡報和故事，都有一個很重要的重點，那就是講者的人格特質，還有聽眾對於講者的好奇心。

無論是站上講堂的舞台，或是站上教室的講台，或只是站到一群圍成圈圈的群眾中間，所有聽眾都想要知道一件事：「講者是誰？」「為什麼他站在這裡？」「他有什麼故事？」所以，如果能適度地訴說自己的親身經驗，挖掘自己生活的細節，那會比寓言故事、歷史故事、偉人故事等都更讓人想專注聽下去。

聽眾連結、感官刺激、故事為王，如果你也想讓自己的簡報可以在講完之後還能餘韻綿長，發揮更多影響力，不妨試試這些方法。

如何用故事讓簡報留下深刻印象的三個重點：

1故事必須跟簡報主題高度相關
2故事的比例需適中
3故事最好是自己的親身經驗

08 關於說故事技巧的體悟

用心生活就是最好的技巧

讓人最感動的故事，反而是生活中觀察到的微小細節。技巧重要嗎？也許故事內容本身，才更具有打動人心的力量。

「說出生命力」是劉大潭希望工程關懷協會舉辦的身心障礙者講演比賽，今年來到第三屆，匯集了十八位不同障別的身心障礙者，給他們舞台和觀眾，說一個七分鐘的故事。面對這麼別具意義的活動，我自己很慶幸，連續參與了兩屆。從第二屆擔任示範講者，自己在台上分享了一個故事，到今年與仙女老師和何佳蓉院長一同擔任講師的工作，在比賽的前一天為參賽者們分享如何說一個好故事的祕訣。我們三位講師討論非常久，從主題力、表達力、架構力，一一與選手們傾盡全力分享說故事的種種技巧。而在第二天的比賽結束後，這些選手們，不僅感動了所有現場的觀眾，也讓我有以下的體悟：

故事，永遠從生活的細節出發

我本來以為，聽身心障礙者說故事，應該都會聽到一些很悲情、很悽苦，令人鼻酸的生病或受傷故事，但是，這些選手並沒有這麼做。取而代之的，是他們即使身為一個身心障礙者，即使要面對旁人無法想像的困難，依然願意伸手幫助別人的故事。

而且，讓人最感動的故事，都不是那些生病或是受傷的巨大經歷，反而是生活中細細觀察到的微小細節。

於是我們看到了楚睿。楚睿在高雄氣爆中，全身受到了超過百分之六十以上的灼傷，但他對那段經歷只是輕輕帶過。受傷後的他，有一天看到公園的噴水池旁，有人很開心地在拍照，但也有坐著輪椅、低著頭，看起來很憂鬱的老人，這個景象觸動了他，讓他成為一位攝影師。他說：

「如果我能一步一步走上來，我能不能為那些還在谷底的人做些什麼？」

好的故事，其實藏在每一天生活的微小細節裡，等待我們用心去發掘它。

技巧，並不是說好故事的全部

身為醫師的我，平常也在醫院裡指導一些年輕醫師演講與說故事的技巧。說真的，這些技巧還真不少，比方說麥克風要怎麼拿、站位怎麼站、什麼時候需要走位、眼神如何與觀眾做互動、手勢要如何搭配演講的內容，甚至聲音的抑揚頓挫、輕重緩急，這些都可以教，可以學。但是，這些技巧很重要嗎？這些參賽者們告訴了我答案。

他們有許多人，肢體障礙必須坐著輪椅，如何走位呢？有許多人，雙手無力連握緊麥克風都很吃力了，更不用說什麼拿麥克風控制聲音，或是使用手勢的技巧；聽障的朋友，發正確的音對他們來說都不太容易，要再要求他們做節奏變化，似乎太強求吧。

但是，這並不影響他們，說一個好故事。於是我們看到青琪。從小罹患小兒麻痺，坐著輪椅，必須要用雙手才能抓住麥克風的她，用有感情的口吻，說了一個關於她的夢想，她的愛情故事。她說：

「我有一個夢想，找一個可靠的男人，生兩個可愛的孩子。」

平淡而自然的故事，感動了在場所有人，她也拿到了很好的名次。所以技巧重要嗎？也許故事內容本身，才更具有打動人心的力量。技巧，只是輔助。他們有障礙，我們何嘗沒有？他們突破了，而我們大部分沒有。我感受最深的部分，是十八位參賽者，即使各有不同的障礙，但那並沒有成為阻擋他們去完成自己夢想的阻礙。我們看到彥儒，身為玻璃娃娃的他，這樣說：

「即使是身心障礙者，也有一個人旅行的權利。」

於是，他一個人規畫行程，搭上飛機，到了金門，開著他的「戰車」，即使刮著風，下著雨，他依然完成了自己的願望，玩得盡興。更讓我感到自卑的，是他在金門之行中看到金門和小金門的無障礙設施都嚴重不足，對於身障朋友非常不友善。於是回台灣後，他寫了一封信給總統，期待能讓金門的無障礙空間更好，總統府也給他正面的回應。

這讓我想到，身為「直立人」的自己，平時看到多少不公不義的事情，多少需要關心的事情，但是都選擇忽略他們了？

除此之外，身為「直立人」的自己，還會為自己設下很多好像是本來就屬於自己的障礙。以我而言，我覺得我就是一個天生有理財障礙的人，所以就算看再多理財書，再怎麼記帳都沒有用，於是就乾脆不做了，讓它去吧。只是，看看這些選手，想想自己，真的是這樣嗎？也許障礙，都是自己給自己設下的。所以，如果之後我遇到一個，說自己就是不會講話，不會說故事的人，我會跟他說：

「其實，你可以的。」

說故事技巧的兩個體悟：

1故事，永遠從生活的細節出發

2技巧，並不是說好故事的全部

Chapter 5

故事實戰力

01

說好故事該如何練習
台上的泰然自若都是練習來的

真正高段的故事人，是會讓觀眾以為他已經完全陷在情緒當中，但其實自己怡然自得的專業人士。

在演講或是上課之餘，常常聽到有學員或朋友這樣跟我說：「哎呀！你這麼會講，一定是從小口才就很好啦！」或是「哎呀！你這麼厲害，隨隨便便講都會很好啦！」每每聽到有人這樣說，我總是抱以苦笑。因為，所有在台上的一切成就，都是練習得來的。

這兩年，因為角色和身分的轉換，我有幸得以參與一些說故事或演講相關的競賽場合。比賽的氣氛跟一般說故事的場合當然不太一樣，台下眾多參賽者虎視眈眈，更別提評審們都板著臉死盯著選手。於是，有練習跟沒練習，一上台馬上就看得出來。

缺少練習，可惜了一個好故事

記得印象最深刻的一次，我在某某大學擔任說故事比賽的評審，一位陳同學西裝筆挺，精神抖擻地上台。他說了一個和他阿嬤從小的回憶，後來阿嬤生病逝世，他到醫院握住阿嬤的手……很感人的故事。他是這樣說的：

「在病房裡，冷氣不知道為什麼，被調得好冷好冷。我看到阿嬤躺在床上，整個人好像瘦了一圈，臉色蒼白，氣若游絲。她身上插滿了各種大小的管子，各種顏色的液體流進身體，也流出身體。我在阿嬤的床邊坐下，握住阿嬤的手，有點顫抖地，小聲喊出：『阿嬤！我是翰翰啊！阿嬤！』我叫了阿嬤好多次，他都沒有反應。我緊張了起來，握著阿嬤的手愈握愈緊，叫她的聲音也愈來愈大，但，阿嬤一點反應都沒有。」

聽到這裡，我整個人雞皮疙瘩都跑出來，好厲害好有畫面啊！這個必然前三名不可。他繼續說：「醫生走進來，看了看機器，用手電筒照了照阿嬤的瞳孔，聽了聽阿嬤的心臟之後，跟我們說了幾個字：『很抱歉，請你們節哀。』所有人都哭了，圍繞在阿嬤身邊。只有我沒有哭，我像一個失神的鬼魂，手插著口袋，一個人慢慢走出病房，走進電梯，走出電梯，不知道走了多久，我才發現自己走到了便利商店門口。我把手從口袋中拿出來，才發現手中緊握的是，阿嬤在我小學的時候，到廟裡幫我求的平安符。我一直留到現在。」

說著說著，陳同學從口袋中，真的拿出了一個平安符，展示給我們看。當時我心裡想：太神了。等著他做一個完美的結尾。只是沒想到，在故事的最高潮，卻發生了讓全場都張大嘴巴啞口無言的插曲：「我小學一年級的時候，因為騎腳踏車去撞到別人的摩托車，住院一個禮拜。阿嬤每天不眠不休照顧我，等到我要出院的前一天，阿嬤送了這個平安符給我……嗚……她跟我說……嗚……嗚……。」

沒想到，那位同學入戲太深，竟然在台上哭了起來，講不下去了！全場一陣尷尬，只見陳同學很努力地強忍著悲傷，全身顫抖地想要把故事說完，但是卻辦不到。他把眼鏡都拿了下來，用袖子一直擦眼淚，一直說：「不好意思……我……對不起……。」時間一分一秒過去，最後鈴響，結束了。想當然，他沒有得到很好的名次。

練習面對情緒

看著稿子默念跟實際面對一群人講故事，那種感覺是很不一樣的。最大的不同，就是觀眾會激發你的情緒。如果觀眾跟著你的故事發笑，那你就會愈講愈起勁。相反的，如果觀眾跟著你的故事感受到悲傷，那說故事的人會更進入那個情緒當中。就像陳同學一樣，一下子無法自拔，那就糟糕了，馬上讓觀眾跳出情緒。而這種情緒的爆發什麼時候會出來，如果沒有經過練習，是不會知道要如何面對的。然而，是不是要反覆練習，練習到完全沒有情緒，「心如止水」呢？當然不是，真正高段的故事人，是會讓觀眾以為他已經完全陷在情緒當中，但其實自己怡然自得的專業人士。他在台上好像快要哽咽了，但是依然可以把故事流暢地說完，給觀眾更多感染力，這才是最厲害的。

練習非語言的表達

說故事，我們常常以為是用嘴巴說出文字，但實際在舞台上，非語言的表達更加重要。哪些是非語言的表達？包含眼神、走位、手勢、表情、肢體動作等等，其實都是可以掌控並且使故事更加分的重點項目。眼神要看哪裡？走位走左邊還是走右邊？手勢要插口袋還是比出來？表情要不要搭配故事節奏？肢體動作需不需要誇張一點？這些其實都是需要透過練習，甚至是實地練習，一點一點地去修正，去調整，直到自己的故事能量極大化。

練習語言的流暢

故事的核心依然是文字與說話，而說話是要「說」出來才會知道聽者的感覺是什麼。所以唯有透過反覆的練習，才能將每個字、每句話以及每個段落做流暢的連接，把稿子記起來，直到完全看不到「背稿」的痕跡為止。有時候會發現，說第一遍跟念第二遍的感覺，很不一樣。說第十遍和念第二十遍的感覺，就差更多了。沒有最好，只有更好。

如果你跟我一樣，在不久的未來，也有一個機會要上台說故事的話，別害羞，找一個場地，找一些觀眾，大聲地練習吧！

練習說故事的三大重點：

1 練習面對情緒
2 練習非語言的表達
3 練習語言的流暢

02

以故事掃除觀眾對演講的排拒印象

用故事拉近和觀眾的距離

打破座位造成的空間距離，自然就能拉近心理距離。故事有了情緒的共鳴，與主題有了連結，也讓老師們對講者有了信心。

半年前，庭芳寫了封信給我，說道：「我是特教老師，我們組長偶然間聽到其他學校的老師推薦您的演講，我上網搜尋了您的資料，也聆聽了您的分享，您的演講很能觸動人心，引發共鳴，我們誠摯地邀請您來我們學校分享，對象是普通班的老師，想請您分享關於在普通班中如何班級經營以協助特殊生融合適應……。」很有誠意的內容。但是為了讓演講更有品質，我更在意有沒有適切的場地。我請庭芳把場地的照片拍給我看，這是個長型的視聽教室，可以容納八十人，三十位老師的講座，實在用不到這麼大的場地。

我把在不適當的場地演講的困難說了出來：「當老師們一個個走進研習會場，一個個往會場的最後面找位置，前面小貓兩三隻，稀稀落落的，我總會想照顧到後面聽講的老師，會在階梯教室前前前後後的走來走去，反而冷落了主動願意坐在前面的老師，用心準備的演講往往在這樣的折騰下讓自己心力交瘁。」我請庭芳讓老師們都往前坐，倘若解決了這個問題，我必然過去。庭芳答應了我。

演講前兩週，庭芳傳訊息給我：「老師，我們們組內會做好工作分配，當天會負責引導老師往前坐，也會直接把後排座位隔開。請老師放心。我下週開會會預留座位排數，初步規畫由組內老師負責築起人牆。」

「接下來想和您討論演講主題，內容是關於以一位普通班導師的角色，如何透過班級經營，協助特殊生適應學校生活，融入班級團體。之前看過網路上的影片，您分享老師以身作則的重要。當時看到您 TED 影片覺得非常感動，因為很少有從普通班老師角度出發的分享，所以我們非常期待這場講座，再次感謝您接受我們的邀請。」

只要能打破座位造成的空間距離，自然就能拉近心理距離，我很期待這場講座。

觀眾沒興趣，講師可以怎麼做

演講當天，我提前半小時到會場，我看到視聽教室被護欄一分為二。當第一個老師進來看到圍欄，思考了一下，就坐在護欄的前方，其餘的老師看到護欄這樣的奇景，就算往前坐，也只願意坐在左右兩側，離講者愈遠愈好，整個教室的人潮就像ㄇ字型，中間只有寥寥數人。接著進來的老師們，看看了中間的空位，穿越了護欄往後坐，也有老師走到後面開了後門，發現門打得開，索性就坐在門旁邊的座位，護欄後方的人頓時間多了起來，護欄儼然成為裝飾。

演講開始，我沒有自我介紹，我說：「半年前特教組長請我來演講，我說如果能解決場地的問題，我就過來。她跟我說她會讓老師們坐在前面，特教組長很用心，所以我來了，一般的特教組長是不願意這麼大費周章的。今天，特教組長顯然很努力的完成了對我的承諾，老師們看到護欄還往後坐，可見對講者沒有信心。」我當眾揭開特教組長庭芳邀約時，我提出的要求，讓在場老師們了解庭芳所作的努力。

話鋒一轉，我繼續講中午我用餐時看到的一幕畫面。「今天演講前，我到牛肉麵店用餐。有個步履蹣跚約莫六十歲的婦人引起了我的注意。她的步伐很小，我一口麵都吞下去了，她才邁出第二步。

左手拿著包包，右手勾著採買的東西，慢慢地走到餐具區，吃力地拿起筷子和湯匙，又好慢好慢地轉身找尋座位，離她最近的是四位牛肉麵店旁邊工地施工的工人，最年長的那位迅速地幫婦人拉開座椅，詢問老婦人是不是需要卸下手上的重物，幫老婦人放下重物，擺妥餐具，那一幕，很美。

一個社會文明與否就看他們如何對待弱勢族群，這個工人之於婦人就像是一道光。人家說，學校就是社會的縮影，我們的社會如此的溫暖，期望我們的老師們都能教出這樣的大人，對弱勢者主動的伸出援手。

在學校裡，特殊生就是相對弱勢者，我來跟老師們分享怎麼樣讓普通班的學生願意成為溫暖的人。現在可以請老師們移駕到前面的座位嗎？」

後面的老師全部平和的往中間移動，我等他們都就座後才開始演講。

用故事讓觀眾主動靠近講師

這場演講說給誰聽？多數老師是被迫參加研習，心不甘情不願，能坐多後面就坐多後面。演講一開始，護欄的功能不如我和庭芳所預期，一旦觀眾就座後要讓大家換座位是非常困難的事。我期望能解決場子中央過於冷清的座位問題，先說兩個故事。

第一個是讓在場的老師們了解現場之所以有護欄的原因，之前的演講沒出現過的護欄肯定背後有個故事。特教組長對於我的要求，提供解法，不是虛應一應，而是真真實實立起了護欄。

第二個故事就發生在當天中午，老師們都讚嘆著工人的暖心，步履蹣跚的老婦人在社會中是弱勢，特教生在學校裡也是弱勢，老師們也期待自己能像工人一樣適時伸出援手。**故事有了情緒的共鳴，與主題有了連結，也讓老師們對講者有了信心**。此時，請後面的老師們換位置到中間，老師們自然願意配合。

演講結束後，有好幾個老師來跟我訴說他們曾經帶過身心障礙學生的感動，我在想如果一開始我就發脾氣，跟庭芳抱怨老師們不往前坐，或許就沒有後來這些回饋了。回家之後，我收到庭芳的訊息。「仙女老師，今天非常感謝您帶給我們一場精采絕倫、充滿驚喜且發人深省的講座，藉由您生動地講述，將我們平時想要傳達的內容更鮮活、深刻地刻畫在老師們心中。以一位母親與普通班導師的角色，帶給大家不同的視野與思維，更加感動現場每一位老師。特教組全體都非常感謝您，也要在這裡為我們今天場地設備上的種種疏漏，再次向您致上最誠摯的歉意！非常抱歉！

另外，跟您分享一件事，今天您提到的金剛芭比林欣蓓，我們去年十一月有邀請她來學校，對學生進行兩場特教宣導，也是非常動人的生命故事。再次感謝您今天精采動人的演說。今天的演講真的帶給我滿滿的感動，從研習結束到剛剛，我一直忍不住跟家人、朋友分享，我相信現場有很多人跟我一樣倍受感動，這樣的感動將化為力量，讓大家成為更有溫度的人。」

下次如果你接了個觀眾被迫來聽的演講，不妨試著在自我介紹前先說與主題有關的故事，拉近與觀眾的距離，會預先為演講加許多情味的。

如何掃除觀眾對演講的排拒印象？

可以先說說和主題有關的故事，拉近與觀眾的距離。

03

故事如何巧妙融入演講

結合故事的演講更貼近觀眾

有了具體的行動，聽眾更能確信自己也能在平凡的生活中實踐偉大，無形中加重了這場演講在心中的分量與地位。

隨意去 Youtube 搜尋，都可以找到無數的 TED 演講，啟發了我們這一代無數人。所有的 TED 演講都有一個特色：說故事。我們都知道，故事是可以打動人心最重要的元素，但是，一場二十分鐘的演講，或是一場兩小時的演講，總不能完全說故事吧？聽眾還是希望可以從演講中學習一些新事物、新知識，或是被一個新觀念所感動。

那麼，故事和演講，要怎麼融入在一起？可能是每一個有站上台機會的人都想知道的問題。跟前面的「開、起、轉、合、連、動」非常接近，一個好的演講要加進故事，我最常用的方式是「故事─理念─行動」。

實戰案例，將故事融入演講中

我非常喜歡音樂，從國中起就開始聽古典樂，心情不好的時候，我總是會走到 CD

櫃前面，選一張 CD 放進去，什麼都不想，只沉浸在音樂的美好之中。在所有跟音樂相關的 TED 演講之中，我最喜歡的，是 Benjamin Zander 於二〇〇八年的演講。

Benjamin Zander 是一個一九三九年出生的指揮家，對於音樂有極高的熱情，並且對於音樂的價值堅信不疑。在這二十分鐘演講之中，它巧妙地運用了許多小故事，去闡述他希望傳達的概念。其中最讓我印象深刻的小故事，是他在演講快要結束時說的。讓我們看看他怎麼把故事和演講融入在一起：

「我要告訴你們我的親身經歷，十年前正值北愛爾蘭衝突期間，我人在愛爾蘭，與一些天主教及新教徒的小孩在一起，試著消除雙方的衝突。我和他們也和我們現在所做的事情一樣。這樣做有點危險，因為他們是在街頭混的小孩。隔天早上其中有個小孩來找，他說：『我這輩子從來沒聽過古典音樂，但當你彈那首瞎拼曲子……。』他說：『我哥哥去年被射殺而我並沒有為他哭泣。但昨晚當你彈奏那首曲子時，我想到了他。淚水從我的臉上流下。可以為我哥哥哭的感覺真好。』當時我下定決心，音樂是為每一個人而存在，每一個人。」

起、轉、合結構分析

這一段故事，採用了「起—轉—合」的結構，請試著想想，用之前學習過的內容，找出「起—轉—合」三個部分，他用了下列哪些技巧？

- 起：主角、志向／目標、時間／地點

「我要告訴你們我的親身經歷」：主角是自己

「十年前正值北愛爾蘭衝突期間我人在愛爾蘭」：時間／地點

「我與一些天主教及新教徒的小孩在一起試著消除雙方的衝突」：志向／目標

• 轉：缺陷、對手、衝突、困難

「這樣做有點危險因為他們是在街頭混的小孩」：困難

• 合：克服、感動、學習

「他說：『我哥哥去年被射殺而我並沒有為他哭泣。但昨晚當你彈奏那首曲子時，我想到了他。淚水從我的臉上流下。可以為我哥哥哭的感覺真好。』」：感動

「當時我下定決心，音樂是為每一個人而存在，每一個人。」：學習

講者用非常流暢的說故事方式，只花了幾分鐘就把一個擁有完整「起—轉—合」的故事說完。但還沒完，故事說完之後，還必須使用這個故事跟台下觀眾做連結，我們來看看他怎麼做：

「我體認到我的工作是去激發別人的潛能。當然，我要知道我是否可以做得到。你猜我發現什麼？只要看著他們的眼睛。當你看到發亮的眼睛，你就可以知道你做到了。你們看，他的眼睛可以點亮整個村莊。是的，當你看到發亮的眼睛，你就知道你做到了。如果你沒有看到發亮的眼睛，你必須要問自己一個問題。你要問自己：我怎麼了？為什麼團員的眼睛沒有發亮？對我們的孩子我們也可以這樣做。我怎麼了？為什麼孩子的眼睛沒有發亮？那會是一個完全不一樣的世界。」

實例分析，如何與觀眾產生連結

這一段故事，講者的目的是跟台下觀眾做出連結，請試著用之前學習過的內容，連：「了解聽眾、擷取意義、使用問句」找出他用了以下哪些連結技巧？

「我體認到我的工作是去激發別人的潛能。」：擷取意義

「當你看到發亮的眼睛，你就知道你做到了。如果沒有看到發亮的眼睛，你必須問自己一個問題：我怎麼了？為什麼團員的眼睛沒有發亮？對我們的孩子我們也可以這樣做。我怎麼了？為什麼孩子的眼睛沒有發亮？那會是一個完全不一樣的世界。」：使用問句

說完故事並和聽眾建立連結之後，Zander 再次強調這場演講他最想推廣的理念：

「我們將要結束這神奇的一週，我們將要回到現實世界。我們應該要問自己這個問題：『當我們回到現實時我們會扮演怎樣的角色以及我對成功的定義是什麼？』對我來說相當簡單。不是在於財富、名聲以及權力。而是在我的周圍有多少隻發亮的眼睛。」

成功的定義，在於我的周圍有多少隻發亮的眼睛。這就是他的理念、他的中心思想。只是，要讓周遭的人眼睛發亮，感覺不是一件太容易的事情。所以在演講的最後，他加入了一個行動：

「最後要和大家分享的是，我們所說的話會造成完全不同的後果。從我們嘴巴所說出來的話……我是從一位自德國集中營 Auschwitz 存活下來的女士學到的，她是

極少數倖存者之一……她從 Auschwitz 集中營出來時發了誓。她告訴我說：『我從 Auschwitz 集中營存活出來，我發了誓。我發誓絕不說出會讓我後悔對人說的最後一句話。』我們做的到嗎？做不到。我們都會讓自己犯錯，也會讓別人犯錯。或許這也是生活中可以努力的方向。謝謝！」

看出來了嗎？從「讓周遭的人眼睛發亮」到「注意每天我們嘴巴所說出來的每一句話」其實是從抽象到具體，從理念到行動的具體展現。因為有了具體的行動，聽眾聽完這場演講，就更能確信自己也能在平凡的生活中實踐偉大，無形中加重了這場演講在心中的分量與地位。當然，在觀眾心目中，這就是一場超棒的演講了。

「故事—理念—行動」，如果妳／你平常也有演講的需求，這會是一把通往成功演講大門的鑰匙。

二〇〇八年指揮家Benjamin Zander的TED演講
The transformative power of classical music | Benjamin Zander

如何將故事巧妙地融入演講中？

可以用前面學過的結構力，結合故事、理念與行動，說一個成功的演講。

04

別再說「腦中一片空白」

描述畫面找到更多語彙

畫面是說故事最重要的能力之一，畫面描述的好，自然故事就跟著生動，可以將聽眾拉進你的故事之中。

自從站上了TEDxTaipei的舞台之後，有愈來愈多機會聽到許多人說自己的故事。愈來愈發現，自己真的很喜歡聽故事。常常，聽故事的時候，心情也會跟著開心、跟著悲傷、跟著驚喜、跟著焦慮。只是，常常聽到很多說故事的講者，有一個共通的口頭禪，那就是「腦中一片空白」。不知道是不是我們的中小學教育，還是大眾影視的影響，這句話被許多人大量地使用，舉例：

「醫師宣判我的疾病的時候，我腦中一片空白。」

「當女朋友跟我說，她有另一個喜歡的人了，當時我的腦中一片空白。」

「抽籤抽到海軍陸戰隊，我的腦中一片空白。」

「當我發現我搞砸了公司今年最重要的計畫的時候，我的腦中一片空白。」

「太太告訴我，她懷孕了。我真的太開心了，開心到腦中一片空白。」

真的，「腦中一片空白」好像變成了一句萬用金句，不管在什麼場合，都可以拿出來用。只是，這樣說故事常常會有一個問題，那就是聽眾會不是很了解，到底什麼是「腦中一片空白」？說實在的，可能就連說故事的人，也不太確切地知道，「腦中一片空白」是什麼。是一種心情嗎？是一種感受嗎？好像不是很清楚。這是非常抽象的一個名詞，而說故事的時候，「用具象代替抽象」是我認為很重要的技巧之一。如何用具象的畫面來呈現出「腦中一片空白」的感覺，是很重要的一件事。所以，除了說「腦中一片空白」之外，我們還可以怎麼說呢？取而代之，你可以做三件事情：描述想法、描述動作或是描述場景。

內心小劇場說出來——描述想法

「醫師說：『是癌症』的時候，我一句話也沒有說。但我的心中卻冒出了千言萬語。我不停想著怎麼辦、怎麼可能、為什麼是我、太太怎麼辦、女兒還這麼小、要化療嗎、家裡沒有錢做治療……一回神，才發現醫師已經不知道講到哪裡去了。」

讓你的故事更生動——描述動作

「當我發現我搞砸了公司今年最重要的計畫的時候，我發現我的心跳加速、呼吸困難，雙手一直顫抖著，想要把桌上的筆拿起來，卻拿不起來。我開始焦慮地在辦公室裡走來走去，只是一直轉圈圈，卻不知道要走到哪裡。」

帶觀眾回到現場——描述場景

「女朋友跟我說：『我有另一個喜歡的人了。』她開始說他們認識的過程，我卻一直看著對街的花店。我不知道在那裡買過多少花送給她。花店老闆準備關門，把許多枯萎的花都丟到垃圾袋裡。」

無論是描述想法、描述動作或是描述場景，都是在「描述畫面」。畫面是說故事最重要的能力之一，畫面描述的好，自然故事就跟著生動，可以將聽眾拉進你的故事之中。所以，下次如果有覺察到自己又準備要說「腦中一片空白」的時候，不妨換個說法，也許會有不一樣的效果！

除了「腦中一片空白」，三個做法，讓你找到更多語句：

1 描述想法—內心小劇場說出來
2 描述動作—讓你的故事更生動
3 描述場景—帶觀眾回到現場

05 一場接地氣的演講從在地故事出發

當地故事拉近與觀眾的距離

這回看到了在地的孩子，在地的餐點，在地的場景，觀眾的掌聲響起，剛才那些沒舉手的人眼睛都亮了起來。

二〇一八年五月二十五日，星教師傳媒在成都舉辦了「一班一世界」班主任主題峰會，我是唯一一個拿台胞證的講者。一小時的演講結束後，許多人衝向前找我交談與合影，天慶實驗中學的齊景宏校長希望能與我見上一面，那時停留的時間僅僅兩天，我問校長可否隔天早上八點約在酒店大廳見面？第二天，校長比我還早到了大廳，六位老師陪同，其中包括了學務主任路主任，我們聊了約莫半個多鐘頭教育的甘苦，我一聽到齊校長校內一個班級多達六十至七十個學生，我對於願意擔任導師的老師獻上比珠穆朗瑪峰還崇高的敬意。

六月份，西安與蘭州同時間邀請我，我選擇了地處西北的蘭州。齊校長傳訊息過來：「余老師，您講什麼都行。」我一直在思索什麼樣的內容才能「都行」，我面對了三大難題：**第一難，時間長度五小時，觀眾會覺得疲累無法集中注意力；第二難，人數**

多達四百人，除了天慶實驗中學一百多位教師之外，還有三百多位來自於週邊公立學校的老師們；第三難，缺乏共同的生活經驗，援例不易。演講對我來說是家常便飯，但講好一場能接地氣的演講，我得做足功課。

七月五日，校長、主任和老師們到機場接我，下高速公路後到一家有著清真標誌的餐廳晚餐。校長告訴我蘭州人早餐都吃拉麵呢！我趕緊像找到共通語言似的說：「我們台南人也是把牛肉麵當早餐。」語文學科的竇老師說：「咱們學校有個教數學的何老師，每週五都跟班上的學生約在學校外面吃牛肉麵，大家七點半一起準時進學校早自習。」我止不住好奇地接連問了好幾個問題：

「學生要提早出門吃麵應該很少人參加吧？」

「何老師這樣帶學生吃麵多久的時間？可以撐一年嗎？」

「一家店可以容納這麼多學生？」「吃一碗麵得花多少時間？」

「我在網路上看到蹲在地上吃拉麵是蘭州人的特色，學生也蹲著吃嗎？」

「學生穿著制服在校外吃拉麵？」

問完這些我腦袋想得到的種種質疑，我吃下第一口拉麵，就在我抬起頭時，竇老師拿出手機翻出了何老師的微信：「這個班級一起吃了三年的麵，感情可好著呢！」竇老師像說著自己的班級一樣誇耀著何老師，校長頻頻點頭，一旁的小媛老師說：「何老師挺認真的。」教育就是長時間的陪伴，我暗自告訴自己明天何老師的故事將是演講中一道璀璨的光芒。

七月六日，我面對著四百位蘭州老師們演講，我採取以下九個策略。

從聊天中獲得題材——蒐集素材

主辦單位通常都會說：「能邀請到老師您，您講什麼都好。」「不然仙女您就講您怎麼教學好了」、「要不仙女您就講您怎麼帶班好了」，我講我的經驗與觀眾有什麼關聯呢？**聊天就是最好的觀察，人們會說自己身旁美好與困擾的事物，嚮往與渴求都是很棒的素材。**何老師與學生吃牛肉麵的故事是在地的光輝，整場演講中，不能只有我的成功經驗，台下老師們的成功同樣值得關注，我穿針引線地將何老師的親身經歷縫到了大家的心口上，肯定讓在場的老師們格外有感，與有榮焉。

一個問題警醒觀眾——重擊痛點

我開門見山丟下一道直白的問題：「請問老師們是自願參加今日研習的請舉手。」舉手的人寥寥可數，多數學校老師參加研習就跟學生上沒興趣的課堂一樣，手機與瞌睡防不勝防，師生異地以處，心境一模一樣。以痛點強力開場，警醒觀眾這是講者所關注且重視的，觀眾會對演講內容存有多一些期待。

圖片發聲吸引觀眾——真相附圖

「大家吃過牛肉麵吧！有這麼一個老師，每週都與班上的孩子在早自習相約吃牛肉麵，師生一起，吃著熱呼呼的牛肉麵是什麼畫面呢？」投影幕上出現了何老師與學生們在店裡面吃麵的滿版照片，大家原本以為我說的是台灣的故事，這回看到了在地的孩子，在地的餐點，在地的場景，觀眾的掌聲響起，剛才那些沒舉手的人眼睛都亮了起來。何老師與學生那一碗碗的牛肉麵，開啟了在場每位老師的小劇場，自己是不是也是如此的經營著師生關係？如果有朝一日，該放哪一張照片在這個大舞台上呢？

引起觀眾的好奇心——善用停頓

說故事最忌諱平鋪直敘地從頭說到尾，在語句和關鍵詞中間加上停頓，**會讓整體故事增加懸疑感，台上雖然短暫留白，此時觀眾腦袋裡卻是萬馬奔騰**，企盼早些獲得謎底。我停頓了五秒，投影幕上才出現何老師師生的照片，這時候觀眾席有些躁動，認識何老師的人對著照片又是驚又是喜，我問在場的大家：「你們認識他嗎？」效果出奇的好，天慶中學的老師們熱切地回應著我，「那是何偉」「那是何老師」。

形象鮮明加深記憶——具體人物

人物決定故事的走向，溫暖的人孕育暖心的故事，千萬別用「有一個老師」、「這位年輕的老師」這種沒有識別度的名詞埋沒了主角，有名有姓，主角就有了標籤，觀眾就對他有了基本的認知。何偉是數學老師，當大家一聽到數學老師，總會想到公式與算數，而何偉給我們的印象更豐富，尤其學生們穿著制服坐在店裡面吸哩呼嚕吃麵的樣子，浩浩湯湯一整個班級，十分鐘吃完，一起進校門。牛肉麵對蘭州的孩子有特殊意義，是何偉讓牛肉麵多了不同的滋味，傳頌三年來從不缺席的好味道。

刺激觀眾的感受力——時間長度

時間的長短決定了感受力的強弱，愈長時間的累積更要能讓觀眾體會，最簡便的方式就是標明時間軸。我在台上講著何偉老師每週帶學生吃牛肉麵的故事，講完之後，我彎著身面向坐在第四排中間的何老師。「何老師，您帶學生吃牛肉麵吃了三年嗎？」前天，竇老師跟我說三年。何老師回應我不同的答案：「六年。」我在心裡數數了起來，打從二〇一三年到二〇一八年，天啊！是兩個三年。這讓我當下有好一會說不出話來，所有觀眾都感覺到我的感佩。

引領觀眾進入情節——聲音表情

聽覺上以聲音的強弱鋪陳內容，藉以讓觀眾與講者同情共感，產生強大的連結，在心裡產生滔天巨浪。當何老師回我：「六年。」我高昂地覆誦了一次：「六年。」再加上我自己對這件事的評價，拉長音地說：「六年時間好長啊！」我聽到場子內叫好與讚嘆的聲音，何偉老師很隆重地幫我們上了「堅持」這一課，這故事裡我第二次聽見掌聲響起。

拉近與觀眾的距離——看著觀眾

視覺上必須要讓觀眾知道你正看著他們說話，目光望著台下，而不是投影片，自然地以手勢和走位更接近後排的觀眾。下午場觀眾討論時，我走下台看到有位短頭髮的女老師坐在場子的中後方，我好開心地對她說：「我記得您上午坐在最後邊的，您現在坐到了前面就是對我最大的鼓勵了。」她說：「您的演講挺好的。」這一小段的對話犒賞了我們彼此的努力，展現了相惜之情。

整天演講結束後，主任帶我到校長室休息，裡面已經坐著一位端莊優雅的女老師，我一看到她，很熟悉地說出：「您不是坐在第三排的老師嗎？」她甜甜地笑著看著我：「是啊！早上天慶中學把我們學校的座位安排在邊上，中午，我看到前面有空位就坐到前面了。」我們很有默契地說：「坐後邊太遠了。」講完這些話，校長為我介紹這位女老師，正是他的愛人徐老師，我哈哈哈地一直傻笑，我們在演講中已經提前認識了呢！**把認真的觀眾放心上，觀眾就會記得我們記得他，見面三分情如此培養來的。**

理解觀眾的想法——喚起行動

當老師們希望受歡迎而迎合學生，當老師們汲汲營營地趕著課程進度，當老師們只能批評學生不愛唸書，老師們喜歡自己成為這樣的老師嗎？當教育不斷地開放自由，不斷擴大學生知識邊界，當學生畢業若干年後，這些桃李記得老師的又是什麼呢？教育該回歸人之所以為人，異於禽獸與挑戰科技的最終價值——「做個有溫度的人」，以溫度面對　來臨的時代。期望老師們像何老師一樣陪伴著學生。

晚上，與齊校長、馬校長、路主任、田主任、王主任在「醉仙樓」用餐，齊校長說：「余老師，老師們手機裡的朋友圈都是今天的演講內容啊！」笑呵呵地把手機遞給我看，熱切地跟我說誰誰發了什麼心得。馬校長也接著說：「誰誰誰寫的心得可長著呢！就連別的學校的老師們也在微信上面發了心得，有些篇幅短小，卻也動人心弦，各自有著各自的收穫。」這一餐飯的滿足來自於大家的肯定。

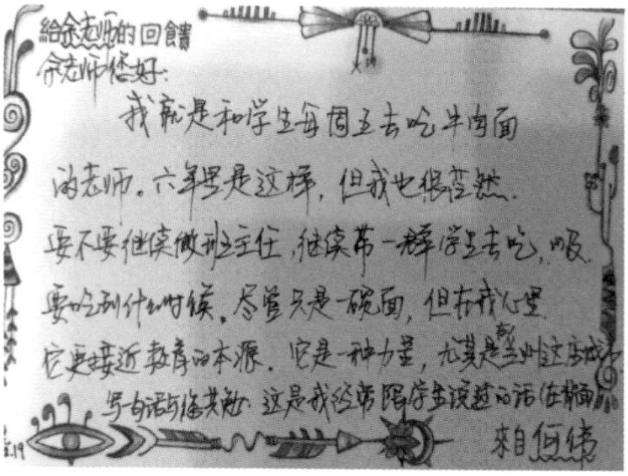
給余老师的回饋
余老师您好：
我就是和学生每周五去吃牛肉面的老师。六年里是这样，但我也很茫然，要不要继续做班主任，继续带一群学生去吃，吃到什么时候。尽管只是一碗面，但在我心里，它更接近教育的本源。它是一种力量，尤其是……写一句话与您共勉：这是我经常跟学生说起的话（在前面）
来自何伟

演講結束後，何偉老師寫了回饋給我。

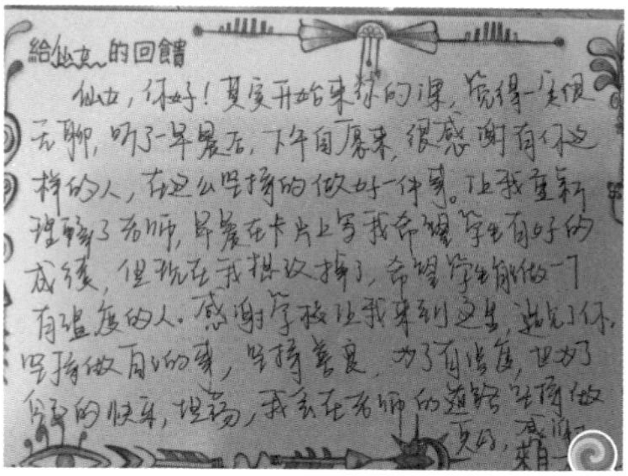
給仙女的回饋
仙女，你好！要实开始来你的课，觉得一定很无聊，听了一早晨后，下午自愿来，很感谢有你这样的人，在这么坚持的做好一件事。让我重新理解了老师，早晨在卡片上写我希望学生有好的成绩，但现在我想改掉了，希望学生能做一个有温度的人。感谢学校让我来到这里，遇见了你，坚持做自己的事，坚持善良，为了有温度，也为了自己的快乐，坚持，我会在老师的道路坚持做下去的，感谢
来自……

還有一位原本不看好這場演講的老師也給了我回饋，讓我感受到莫大的感動。

故事的漣漪

七月七日，我們一行人從甘肅蘭州往青海西寧的高速公路上。齊校長說：「余老師，何偉沒想到您會在台上說出他帶著學生吃麵的事，他嚇了一跳呢！」校長邊說邊拿出何老師昨天發給他的微信，接著說：

「何老師的班級今年畢業了，他已經帶了六年班主任累了，想休息，不想再接班主任了。昨天聽完您的演講，他傳短信給我，要再帶班主任，我也鼓勵他可以擔任一整個年級班主任的負責人。」校長興奮的語氣感染了我，我很榮幸能聽到這故事因為我而有了更多後續的開展。

校長說，「余老師，您一開始就問老師們是不是自願參加研習的，這可真是說到老師們的心坎裡了。」呵呵呵！人心都是相通的，大家都怕聽到很無聊的演講啊！這一場演講的成功要感謝每一位花了時間參加的老師，天慶實驗中學所有協助我讓這場演講更圓滿的師長們，更要特別感謝齊景宏校長對我的禮遇與照顧，永誌不忘。

在異地演講時，你也來試試看穿插個在地的故事吧！

使用九個策略，講一場接地氣的演講：

1 蒐集素材—從聊天中獲得題材
2 重擊痛點—一個問題警醒觀眾
3 真相附圖—圖片發聲吸引觀眾
4 善用停頓—引起觀眾的好奇心
5 具體人物—形象鮮明加深記憶
6 時間長度—刺激觀眾的感受力
7 聲音表情—引領觀眾進入情節
8 看著觀眾—拉近與觀眾的距離
9 喚起行動—理解觀眾的想法

06

談談寫稿的好處

文稿修飾，為上台做準備

若是沒有寫稿習慣的講者，很難顧到細節。當我們一字一字調整故事的內容，自然就離理想中的故事更近了一點。

台下坐著一群國外知名營養品大廠的行銷主管們，氣氛有點嚴肅，這是企業內訓的說故事比賽課程現場。下一個輪到Amy。她打扮光鮮，穿著亮眼，腳上黃色的高跟鞋非常吸睛。老實說，我對她寄予厚望，因為她在第一天課程的現場就即興說出了超精采的故事。當她走上舞台時，自信的笑容、高雅的身段，都讓我加深了對她的信心。只是，當她拿起麥克風，從說出第一個字開始，我的信心就像是被颱風吹過的行道樹一般，瞬間開始狼狽起來。

「大……大家好，不好意思我有點緊張……今天我要說一個，我先生追求我的故事嗯……民國一百年五月十三日，台北民權西路的捷運站有一對情侶，站在人群中，然後……女生不斷地看著手機沉默不語，然後男生也一直看著時間但想說話卻又說不出口。嗯……然後就在幾班捷運來來往往後，男生終於鼓起勇氣說：『我們交往吧！』

嗯……這個男生就是我現在的老公，嗯……他那時大學剛畢業，從事著賣車業務工作，月薪不到三萬。然後……其實……我沒有答應他……。因為其實我那時考上了公務員，在健保局上班，月薪六萬多。嗯……然後……我拒絕了他。其實我拒絕的原因很簡單，我沒辦法接受另一半月薪比我低。然後……我轉身就走了……嗯……然後……。」

講到這裡我不禁捂住了我的眼睛，不敢再看下去。第一段就支支嗚嗚講了三分鐘了，總共七分鐘的故事一定會超時。果不其然，她一共講了快十分鐘，被主持人請下台。之後下課時，Amy 跑來找我，頭低低不好意思地看著我。

「你是不是沒有寫稿啊？」我直接問她。

「嗯……對啊……因為上次講得不錯，我以為這次也可以……就……。」她還是頭低低地說。

「一看就沒有寫稿，贅字太多，一直『嗯、啊、然後』的，而且還超時這麼久。如果有寫稿，這些問題就可以避免了，非常可惜。」我真心為她覺得可惜。

很多人都以為，會說故事的人，都是舌燦蓮花、信手捻來，無論是怎麼樣的故事，只要透過他們的金口說出來，一定可以是一個廣為流傳的經典故事。但大家不知道的是，那些經典的故事、上台演說、TED 演講，其實都是經過無數的練習、準備和調整，才有了現在的成果。而寫稿，是我自己認為上台前最重要的準備工作之一，特別是針對初學者而言。試著把即將要說出口的故事先用文字的方式寫下來，有三個好處：

計算字數，時間掌握

很多時候，我們上台是有時間限制的。我在 TEDxTaipei 的時候，主辦單位給我的時間是六分鐘。在舞台前面有兩個只有講者才看得到的提醒螢幕，一張播放的是現在的投影片，一張是時間倒數，當我拿起麥克風開始講的時候，六分鐘的數字開始倒數起跑。當超時的時候，時間顯示會變成紅色，提醒你要下台了。

這當然是很緊張的，但是守時一定是每個演講者都需要具備的美德，超時的時候，自己會緊張、壓力大，自然表現狀況下滑。再來，在多人輪番演講的場合，也可能會耽誤到下一個講者的時間。所以我要求自己，每一次上台的時間，一定要精準。但是，說故事是很容易超時的，因為故事帶有感性，講者很容易愈講愈激動，太進入畫面與情境，不知不覺就忘了時間。所以，若要力求準時，寫稿就是很重要的一步。

那要怎麼寫？有三個步驟：

第一步，計算字數：以一分鐘兩百五十個字初步估算，若是六分鐘故事，就是一千五百字。

第二步，口述計時：把寫好的稿子念一遍，並計算時間。若是超時了，代表語速超過一分鐘兩百五十個字。相反的，若是還不到預定的時間，代表語速較慢。假設一千五百字的故事，五分鐘就講完了，代表基本語速大約為每分鐘三百字。

第三步，初改講稿：用自己的語速做講稿的修正，若是寫多了，就刪減一些；若是不夠，就增加一些。要注意的是，現在只是初步修改，不需要改到非常細膩，時間差不多即可，因為晚一點還會再調整。

潤順文句，避免贅字

根據維基百科：「贅語（或贅字、贅詞、贅言、冗詞、冗語、pleonasm）可視為話語中的表現方式，是語病的一種。意即過多不必要的話，或是重複同樣意思的詞語。」贅字或贅語絕對是一個好故事最需要避免的錯誤之一。它有兩大致命傷，第一個是，過多的贅字或贅語會占掉原本故事的字數空間，讓整體的故事時間拉長。本來有很多時間可以好好描述畫面的，但是那些時間都被贅字佔去了，豈不可惜？另一個缺點是，當聽眾發現了我們贅字的習慣，她／他就會不經意去找贅字出現在哪裡，或是期待下一個贅字的出現，這時故事即使說得再好，也沒人聽了。

寫稿的第二個好處是，寫講稿可以改善我們的口頭禪，或是贅字的習慣。寫稿的時候，自然不會把那些「嗯、啊、然後」的贅字放進去，或是真的不小心寫進去了，也可以刻意地把它改掉。贅字幾乎是每個人都有的習慣，想要改掉這個習慣，沒有別的速成方法，只有多練習。於是，用寫好的、沒有贅字的講稿多講幾次，自然而然就漸漸地可以改掉這個習慣了。根據網路統計，十大最常用的贅字如下。大家在平常時，也可以多留意，自己是不是也會這樣說話：「其實、然後、對、進行一個XX的動作、XX的部分、所謂的、一種XX的概念、基本上、老實說、我這邊。」如果妳／你也有這樣的習慣，可以藉由寫稿的方法讓這個習慣遠離你！

字斟句酌，細部調整

有時候我們上台說故事的場合是很慎重的，比如說像TEDxTaipei的場合，很多人在看，還有錄影，自然不是像平常一樣，講稿寫一寫就可以上台，而是要經過不斷地練習、調整、修改。

我在TED之前的六分鐘講稿，修改版本超過二十個以上。都是經過試講、練習或錄音之後，反覆地修改架構和畫面，讓它成為一個更動人的故事。而若是沒有寫稿習慣的講者，只憑著記憶修改，很難顧到每一個細節。當我們一個字一個字地調整故事的內容，我們自然就離理想中的故事更近了一點。

下一次上台說故事前，別忘了寫稿這個充滿魔法的工具喔！

寫稿對說故事的三個好處：

1 計算字數，時間掌握
2 潤順文句，避免贅字
3 字斟句酌，細部調整

07

在演講中巧用故事化危機為轉機

故事技巧成功化解演講危機

當下只有很短的時間決定我要不要說說這張投影片的故事，我選擇說出了我剛經歷了一場驚心動魄的浩劫。

高三下學期學校日，以往都是冷冷清清的，一個、兩個、三個家長來。今年訂在開學的第一週，學測成績單又還沒發，有什麼好跟家長們說的呢？家長們最關心的是孩子可以念什麼樣的學校？什麼樣的科系有前途？怎麼樣填校系最理想？身為高三導師，我想跟家長們說，只要念得有興趣，念得開心，就不會重蹈高中三年學習動機低落的覆轍。也因此，我想打造一個與眾不同的學校日，期望能說服家長們「讓孩子成為他們想要成為的人」。

早在高二學期末，我就先向家長預告會以親職講座的方式進行學校日，高三開學調查果然來的人變多了，從往昔的兩、三人變成十二人，有三個家庭還是父母親一起動員，共十五位家長。我花了兩天的時間，一個個親自跟學生說：「要跟爸媽一起來參加喔！」「我們大人都在聊你們的事情，我真的很希望你能參與。」一下子學校日人數爆增到二十五人。

用故事化解危機，讓演講順利落幕

我把講座的講題訂為「如何培養孩子的關鍵能力」。

開場前一小時，一心的爸媽打電話給我，問問一心在學校的狀況，說明剛回國不方便參加學校日，我還特別在電話中跟一心的爸爸媽媽說：「一心很想念餐飲相關的科系，有一回我上課提到江振誠，班上的學生第一反應是：『誰啊？』一心馬上說：『我知道RAW是他開的！』，她是班上唯一一個認識名廚江振誠的人。」

六點半我準時到了教室，學生們早已經畫滿整片黑板歡迎家長，桌椅分成六組，桌上有學生與家長的立牌，破天荒的，原本門可羅雀的教室裡人聲鼎沸。

我泰然自若地讓家長和學生們分組，講著班上的狀況，讓家長體驗分組課程的日常，大家都樂在其中，一直到出現一張投影片，我的節奏倏地停了下來，這張投影片與整體的投影片不搭調，是我忘記刪去的，我看到的時候也遲疑了幾秒，**當下只有很短的時間決定我要按下下一頁，假裝這張投影片不存在；還是說說這張投影片的故事**，我選擇說出了我剛經歷了一場驚心動魄的浩劫。

「我一大早開始做投影片，直到五點四十分檔案無法存檔，我心想只要不關機應該也不會怎麼樣，繼續做著投影片。看著筆電右下角的時間顯示六點十五分，我一抬頭才發現天都黑了，蓋了電腦，從圖書館走回辦公室。

回到辦公室，六點二十分打開電腦，檔案在螢幕上出現三秒鐘，就不見了。我的學校日檔案不見了！不見了！不見了！距開場只剩十分鐘，哲宇在旁邊問我怎麼辦？只剩下支離破碎，斷簡殘編的檔案。

『仙女，怎麼辦？剩十分鐘就要開始了！』哲宇又問我一次。

我還記得投影片的順序，還記得自己寫的金句，調整投影片的順序，大字流打上金句，無法調整的索性刪去，改用口說。我沒有因為參與的人數只有十二個家庭而掉以輕心，反而慎重其事地做足準備，我想讓家長們看到孩子的成長。原本的投影片，分別貼上學生們的照片，用遮罩打上他們的名字。我從行動硬碟裡一個個的檔案夾中找出學生們，一張張挑表情自然的照片。家崴和瑀婕在國教院分享、修玟站在講台上說服我國文課去打躲避球是很好的班級經營方式、鄒維上台跟我們分享他去日本自助旅行的經過、恩均打掃時的投入與自律、哲宇上台背〈岳陽樓記〉（哲宇媽媽對於不喜歡國文的哲宇，在家還會拿出國文課本，感到不可思議）、聲美在下課十分鐘如何發揮她的影響力，同學的學習單上寫著聲美的領導力、睿恩一到活動中心四樓指揮若定，說明躲避球如何分組與解說規則。

書宇爸爸站起來分享書宇的優點，說了好棒的一段話，他說：『剛才每個孩子的優點，我們家書宇都有！』那時候我很想說我放了書宇跟我的一小段訊息對話。結果，都不見了！都不見了！都不見了！這份簡報原本有三〇一每個孩子的獨特，都不見了！蕩、然、無、存。」

我說出了我檔案不見的事情，我可以不要說，讓大家以為我的行雲流水來自於萬全的準備，反正他們也不知道。但我說了，我想讓爸爸、媽媽跟學生們知道我在開場前十分鐘有多麼萬念俱灰。

我之所以願意在爸爸、媽媽面前說這一段，是因為：「**我很喜歡教書，我願意花這麼多的心力投入，如果你們讓孩子選擇他們想要的校系，讓他們做喜歡的事情，他們就有機會像我一樣有著猝然臨之而不驚的能力，即使在緊要關頭發生重大失誤，仍然願意想辦法做到最好。**」講完這些，我的眼眶就紅了。

學校日結束，爸爸、媽媽們感謝地跟我致謝，尤其擔任講師經常做投影片的睿恩媽媽握著我的手說她能體會我的無助，其他的家長們在我鍥而不捨的執著中，願意更認真地看待孩子的優勢，他們期望孩子有朝一日能具有如此臨危不亂的能力。

巧用故事元素，造就成功的演講

這場成功的學校日運用了哪十個重要的故事元素呢？

1 **轉折愈大，效果愈強**：學校日前十分鐘簡報不見，重作投影片。

2 **說給誰聽**：說給家長聽，講者深知家長期望孩子能安定，然後安定不常有，培養處變不驚的能力更是重要。

3 **找到使命感**：身為老師的我，在看了孩子三年萎靡不振的學習之後，認真地想要說服每一位家長，尊重這些十八歲孩子選擇校系的意願。

4 **營造整體感**：教書是我的天賦，我做我擅長的事，期望家長們也能「讓孩子成為他想成為的人」。

5 **發揮價值感**：我一時的失敗有其價值，在於彰顯孩子未來受挫必備的養分。

6 **表情感染力**：我站在投影幕旁一動也不動地說著故事，眼眶泛紅，讓觀眾感受到處於絕境的無助與失望。

7 **走入場景中**：因為沒有投影片，家長隨著我的描述進入了孩子們的高三校園生活。

8 **人物形象化**：每一個參與的學生我都著眼於他專精的事物，呈現出他們的光芒，讓家長與有榮焉。

9 **語氣的頓挫**：慢慢地說，講到重點處加上重音，讓聽眾能隨著音調的轉折更融入情境當中。

10 **故事續航力**：家歲說那天她其實眼眶都泛淚了，因為她媽媽跟她說過類似的話，這是一場連學生都有感覺的座談會。

學校日結束後，我把車開出學校。車停在路邊，眼淚一滴一滴地流下來，無聲無息。半小時後逸琦傳了訊息給我，我跟她說：「我學校日的投影片沒存檔，不見了！」我狂哭了起來。我邊哭邊說，嚎啕大哭。

逸琦問我：「你想傳達的傳達了嗎？」

傳達了。但是我沒辦法接受自己竟然犯了這麼大的錯誤，這是職業選手不應該犯的錯啊！一小時後我發動車子，想著回家要憑印象再做一次投影片，記錄這第一次難得的親子學校日。

四月底，大學申請陸續放榜，那些來參加學校日的家長讓孩子們走他們想走的路，填自己想填的志願，選自己想選的科系，為自己的人生負責。

十個技巧，用故事將演講化危機為轉機：

1 轉折愈大，效果愈強
2 說給誰聽
3 找到使命感
4 營造整體感
5 發揮價值感
6 表情感染力
7 走入場景中
8 人物形象化
9 語氣的頓挫
10 故事續航力

08

如何用名人故事填補情緒的低谷

好的故事為聽眾帶來鼓勵

因為會說故事，我和李千那在臉書相遇，這篇文章鼓勵了許多失意的人，〈不曾回來過〉也變成勵志歌曲。

我拿著手機進教室，按下手機的播放鍵：「請寫出這首歌的歌名。」才不過幾秒的前奏，學生們反應很快地全舉起白板〈不曾回來過〉。

我站在教室中央的走道：「請寫出來這是誰唱的歌。」學生們再度迅速地舉起白板「李千那」。

我問：「不是『娜』嗎？」韻婷說：「已經改成『那』了。」其他學生跟著點頭。

此時，我已經站在走道的最右邊，靠窗的位置，窗外一片光明，陽光普照。

我問：「二〇一七年李千那以哪一部電視劇獲得第五十二屆金鐘獎—迷你劇集／電視電影女配角獎」學生無不寫《通靈少女》。

我指了指所在的位置：「我現在站的位置是二〇一七年的李千那。」

往前走到中間：「李千那因《茱麗葉》這部電影表現優異，獲得台灣電影圈最高榮譽金馬獎的哪一項殊榮？」

學生再度high起來，白板上寫著「最佳新人獎」（正確名稱是最佳新演員）。

我指了指所在的位置：「我現在站的位置是二〇一〇年的李千那。」

往前走到走道的最左邊：「李千那參加『超級星光大道』歌唱選秀，獲得第幾名？」

學生真的很懂，全部都寫上「第十名」。

我指了指所在的位置：「我現在站的位置是二〇〇七年的李千那。」

「李千那在當時歌唱比賽只拿到第十名。之後，她轉了彎，在戲劇界表現亮眼，得到殊榮。就像班上有些同學你覺得自己學測考得不理想，不如預期，請不要灰心，想想看你接下來要申請大學，從今天起認真地準備備審資料，我會陪你一起準備；如果你要指考，就義無反顧地走這條幽靜的路，我們一起走完全程。」

我走回走道中間：「找到舞台，你就會跟二〇一〇年的李千那一樣讓人刮目相看。」

教室走位示意圖。

我往前走，回到走道右邊，窗外的陽光格外吸引人。

「持續在你擅長的領域裡耕耘，未來的你會跟二〇一七年的李千那一樣綻放光芒。」

不只戲劇出色，李千那更在二〇一八年發行了第一張台語專輯《查某囡仔》。人生放長遠來看，跌倒了，站起來，往前走，人人都可以成為李千那。我手機裡的李千那唱著：

「再愛的　再疼的　終究會離開

再恨的　再傷的　終究會遺忘

不捨得　捨不得　沒有什麼非誰不可

就讓自己慢慢成長

慢慢放下」

我把音樂開得更大聲了。

用故事撫平低落的情緒

學生們收到學測成績單的第二天，有些孩子仍深陷愁雲慘霧中，我用了十個技巧來說李千那的故事。

1 **音樂開場**：〈不曾回來過〉這首歌，學生耳熟能詳。

2 **經典人物**：《通靈少女》讓李千那紅透半邊天。

3 **搶眼道具**：讓學生看到我手中的手機，瞬間吸睛，好奇到底今天有什麼新鮮事。

4 **三段走位**：走位呈現的是具象的三個重要時間軸。

5手勢幫襯：當我說「這是某某年的李千那」我的手平舉，食指朝下。

6眼神凝視：食指朝下，而眼神望著觀眾堅定地說出每一個時間點的人物變化。

7音量調整：李千那只得到第十名，音量小聲，得到金馬獎和金鐘獎都加上重音，聲音的層次讓故事更有厚度。

8主題明確：從挫折中奮發向上的故事，激勵人心。

9雙軌並行：第一次由右到左是李千那的生命經歷，第二次由左到右是學生目前的處境。

10餘音繞樑：那幾句歌詞迴環往復的在學生腦海中響起。

我在臉書記錄下這堂「運用李千那故事幫助學生走出學測失意的幽谷」的文章。

用十個技巧，讓故事填補情緒的低谷。

1音樂開場
2經典人物
3搶眼道具
4三段走位
5手勢幫襯
6眼神凝視
7音量調整
8主題明確
9雙軌並行
10餘音繞樑

故事的漣漪

三十六小時候，我看到了一個熟悉的名字分享了我臉書的貼文，她是「李千那」，那一瞬間我感覺自己被激勵了。千那在她的臉書上寫著：

「謝謝余老師，我很感恩、
很開心自己能成為被學習的對象以及鼓勵別人的範例，
實在是不敢當
相信你的用心和鼓勵，孩子們一定會提振士氣，
走過低潮，有這樣溫柔貼心的老師陪伴，
萬芳高中的同學真的好幸福。
我在半年前，也開始幫我女兒籌劃、分析、討論，
勘查、接洽選擇適合的學校，
除了要不厭其煩的了解每一所學校教科細節，
我還詢問許多畢業的傑出校友，網路評價，
朋友意見，接下來是孩子的志向、
未來走向規劃等等……。
真的要花很多時間和心思，
所以我可以理解，如果準備這麼多這麼辛苦，
而沒考上，那有多沮喪，父母也是。
還是希望給正要考試的同學們一點刺激、鼓勵，
你們一定要盡全力衝刺，不要讓自己留下遺憾，

我相信你們都可以考到自己喜歡的學校，
這也是回饋老師和父母最好的禮物，
如果沒考上也不要氣餒，盡力就好，
未來的路還很長，把握住下一次的機會，
同時也要向你的老師和父母說聲謝謝，
辛苦了，一起加油！」

因為會說故事，我和李千那在臉書相遇，這篇文章鼓勵了許多失意的人，〈不曾回來過〉變成了勵志歌曲，帶我們望向美好的未來。

李千那分享了 1 則貼文。
11 小時 · Facebook Creator ·

謝謝余老師，我很感恩、
很開心自己能成為被學習的對象以及鼓勵別人的範例，
實在是不敢當🙏
相信你的用心和鼓勵，孩子們一定會提振士氣，
走過低潮，有這樣溫柔貼心的老師陪伴，
萬芳高中的同學真的好幸福。
我在半年前，也開始幫我女兒籌劃、分析、討論，
勘查、接洽選擇適合的學校，
除了要不厭其煩的了解每一所學校教科細節，
我還尋問許多畢業的傑出校友，網路評價，
朋友意見，接下來是孩子的志向、
未來走向規劃等等…。
真的要花很多時間和心思，
所以我可以理解，如果準備這麼多這麼辛苦，
而沒考上，那有多沮喪，父母也是。
還是希望給正要考試的同學們一點刺激、鼓勵，
你們一定要盡全力衝刺，不要讓自己留下遺憾，
我相信你們都可以考到自己喜歡的學校，
這也是回饋老師和父母最好的禮物，
如果沒考上也不要氣餒，盡力就好，
未來的路還很長，把握住下一次的機會，
同時也要向你的老師和父母說聲謝謝，
辛苦了，一起加油！

故事力

TED專業講者親授，職場簡報、人際溝通無往不利

作　　者　朱為民、余懷瑾
編　　輯　黃莛匀
校　　對　黃莛匀、鍾宜芳、吳雅芳
　　　　　朱為民、余懷瑾
封面設計　劉錦堂
美術設計　曹文甄
封面攝影　楊志雄、游勝富

發 行 人　程顯灝
總 編 輯　呂增娣
主　　編　徐詩淵
編　　輯　林憶欣、黃莛匀
　　　　　鍾宜芳、吳雅芳
美術主編　劉錦堂
美術編輯　吳靖玟
行銷總監　呂增慧
資深行銷　謝儀方、吳孟蓉

發 行 部　侯莉莉
財 務 部　許麗娟、陳美齡
印　　務　許丁財

出 版 者　四塊玉文創有限公司

總 代 理　三友圖書有限公司
地　　址　106台北市安和路二段二一三號四樓
電　　話　(02) 2377-4155
傳　　真　(02) 2377-4355
E-mail　service@sanyau.com.tw
郵政劃撥　05844889 三友圖書有限公司

總 經 銷　大和書報圖書股份有限公司
地　　址　新北市新莊區五工五路二號
電　　話　(02) 8990-2588
傳　　真　(02) 2299-7900

製版印刷　卡樂彩色製版印刷公司

初　　版　二〇一九年五月
定　　價　新台幣三二〇元
ISBN　978-957-8587-69-4（平裝）

國家圖書館出版品預行編目(CIP)資料

故事力：TED專業講者親授，職場簡報、人際溝通無往不利 / 朱為民、余懷瑾著. -- 初版. -- 臺北市：四塊玉文創, 2019.05
面；　公分
ISBN 978-957-8587-69-4(平裝)

1.行銷學 2.說故事

496　　108005238

SANYAU
http://www.ju-zi.com.tw
三友圖書
友直 友諒 友多聞

好書推薦

預約。好好告別：人生最後的期末考，讓我們好好說再見

作者：朱為民 定價：300 元

預立醫囑出現前，末期病人擔心無法有尊嚴地告別；家屬們為之爭執不休，似乎是不可避免的困境；但預立醫囑出現之後，這就是我們的責任了。本書將告訴你，什麼是安寧緩和醫療，以及與末期病人的溝通相處之道。

慢慢來，我等你：等待是最溫柔的對待，一場用生命守候的教育旅程

作者：余懷瑾 定價：320 元

慢慢來，我等你。2017 年最療癒人心的一句話，身為老師、家長，甚至團隊夥伴的你跟妳，都應該學習的一句話。仙女老師的一句話，療癒了自己、孩子、學生，這句話，也將療癒你和我。

與孩子，談心：26 堂與孩子的溝通課

作者：邱淳孝 定價：350 元

身為父母不再只是一種責任，更是一種享受，享受與孩子攜手共度的每一步旅程……這是一本獻給新世代父母的教養書，最符合人性且最實用的親子溝通方式，送給每一個孩子，也送給曾是孩子的每一位大人。

你，其實很好：學會重新愛自己

作者：吳宜蓁 定價：300 元

是誰要你委屈？是誰讓你自卑？你的人生不該活在別人的期待裡，要相信，你值得被好好對待。專業諮商心理師親授，找回自信的最佳途徑。家庭、愛情、人際、內心，全面探討你的生活。教你用最實際可行的方法，遠離自卑的自己。

哈佛與 MIT 的 16 堂成長課 ：從平凡到非凡

作者：梁渶垠（양영은） 譯者：陳郁昕 定價：350 元

本書集結當代十六位聲望崇高的學者與業界精英的零距離訪談。透過他們親切生動的口吻，向讀者們娓娓道來他們力行的思考法則，以及達到今日成就的不二法門。

做孩子的超級粉絲！用心不用力，傾聽是最好的教育

作者：李育銘 定價：300 元

發掘孩子的潛能，不讓孩子只成為你要的樣子，因為，孩子比你想像的還優秀。作者要與讀者分享的不是怎麼教出名校高材生，而是如何讓孩子擁有屬於自己的人生！

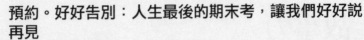

地址：　　縣/市　　鄉/鎮/市/區　　路/街

段　　巷　　弄　　號　　樓

廣　告　回　函
台北郵局登記證
台北廣字第2780 號

SANYAU

三友圖書有限公司 收

SANYAU PUBLISHING CO., LTD.

106　台北市安和路2段213號4樓

親愛的讀者：

感謝您購買《故事力：TED專業講者親授，職場簡報、人際溝通無往不利》一書，為感謝您對本書的支持與愛護，只要填妥本回函，並寄回本社，即可成為三友圖書會員，將定期提供新書資訊及各種優惠給您。

姓名 ______________________ 出生年月日 ______________________

電話 ______________________ E-mail ______________________

通訊地址 ____

臉書帳號 ____

部落格名稱 ____

1 年齡

□18歲以下 □19歲～25歲 □26歲～35歲 □36歲～45歲 □46歲～55歲
□56歲～65歲 □66歲～75歲 □76歲～85歲 □86歲以上

2 職業

□軍公教 □工 □商 □自由業 □服務業 □農林漁牧業 □家管 □學生
□其他 ______________________

3 您從何處購得本書？

□博客來 □金石堂網書 □讀冊 □誠品網書 □其他 ______________________
□實體書店 ______________________

4 您從何處得知本書？

□博客來 □金石堂網書 □讀冊 □誠品網書 □其他 ______________________
□實體書店 ____________ □FB（四塊玉文創／橘子文化／食為天文創 三友圖書——微胖男女編輯社）
□好好刊（雙月刊） □朋友推薦 □廣播媒體

5 您購買本書的因素有哪些？（可複選）

□作者 □內容 □圖片 □版面編排 □其他 ______________________

6 您覺得本書的封面設計如何？

□非常滿意 □滿意 □普通 □很差 □其他 ______________________

7 非常感謝您購買此書，您還對哪些主題有興趣？（可複選）

□中西食譜 □點心烘焙 □飲品類 □旅遊 □養生保健 □瘦身美妝 □手作 □寵物
□商業理財 □心靈療癒 □小說 □其他 ______________________

8 您每個月的購書預算為多少金額？

□1,000元以下 □1,001～2,000元 □2,001～3,000元 □3,001～4,000元
□4,001～5,000元 □5,001元以上

9 若出版的書籍搭配贈品活動，您比較喜歡哪一類型的贈品？（可選2種）

□食品調味類 □鍋具類 □家電用品類 □書籍類 □生活用品類 □DIY手作類
□交通票券類 □展演活動票券類 □其他 ______________________

10 您認為本書尚需改進之處？以及對我們的意見？

____

感謝您的填寫，

您寶貴的建議是我們進步的動力！

【黏貼處】對折後寄回，謝謝。